西北半干旱区华北落叶松人工林生态系统
水碳通量特征及影响因素

赵长明　韩　春◎著

中国林业出版社
China Forestry Publishing House

图书在版编目(CIP)数据

西北半干旱区华北落叶松人工林生态系统水碳通量特
征及影响因素 / 赵长明, 韩春著. — 北京：中国林
业出版社, 2025. 6. — ISBN 978-7-5219-3253-9

Ⅰ. S791. 22；S718. 5

中国国家版本馆 CIP 数据核字第 2025B3D905 号

责任编辑：张　华
封面设计：北京五色空间文化传播有限公司

出版发行　中国林业出版社
　　　　　（100009, 北京市西城区刘海胡同 7 号, 电话 010-83143566）
电子邮箱　cfphzbs@ 163. com
网　　址　https：// www. cfph. net
印　　刷　河北鑫汇壹印刷有限公司
版　　次　2025 年 6 月第 1 版
印　　次　2025 年 6 月第 1 次印刷
开　　本　710mm×1000mm　1/16
印　　张　7. 25
字　　数　125 千字
定　　价　60. 00 元

前 言

在全球气候变化的背景下,半干旱区生态系统的水碳循环及其影响因素研究已成为生态学领域的热点话题。人工林作为陆地生态系统的重要组成部分,在调节全球碳平衡、维护区域生态环境及减缓大气中温室气体浓度上升等方面发挥着不可替代的作用。同时,作为陆地生态系统碳汇提升与水资源调控的关键载体,其水碳耦合机制的科学解析已成为生态学研究的核心命题。特别是在我国西北半干旱区,华北落叶松(*Larix principis-rupprechtii*)因其耐寒、抗旱特性被广泛引种,成为该区域重要的森林类型。然而,山地特殊的水热耦合环境对华北落叶松人工林生态系统功能形成显著约束,厘清其水碳通量特征及驱动机制,不仅是优化造林策略的理论基础,更是实现"双碳"目标与生态安全协同的关键路径,对理解半干旱区生态系统的功能、应对气候变化以及指导林业生态建设也具有重要意义。

西北半干旱区地处内陆腹地,生态本底脆弱,生态系统自恢复能力不足,降水稀少与蒸发强烈的气候特征使其成为全球气候变化响应的敏感区,同时也面临着生物多样性减少、生态脆弱等挑战。华北落叶松作为该区域适应性强的树种,其人工林的建设和发展在改善生态环境、促进碳固定等方面发挥了重要作用。然而,随着全球气候变暖和降水格局的变化,该区域华北落叶松人工林的水碳循环过程也受到了深刻影响。近年来,国际学术界针对半干旱生态系统提出了"水-碳耦合阈值""水分利用效率权衡"等理论框架,但多基于自然植被研究,对人工林定向调控的机理认知尚不完善。华北落叶松人工林在西北半干旱区的规模化建设虽成效显著,但其水碳通量的时空分异规律、环境响应机制及可持续管理阈值仍缺乏系统性研究。因此,深入研究该区域华北落叶松人工林的水碳通量特征及其影响因素,对揭示半干旱区山地森林生态系统的碳水耦合机制、优化林业管理措施以及制定适应气候变化的策略具有迫切的现实需求。

本书聚焦于西北半干旱区华北落叶松人工林生态系统水碳通量特征及其影响因素,旨在通过系统的观测实验和数据分析,揭示该区域华北落叶松人工林的水碳循环规律及其与环境因子之间的相互作用。在研究方法上,采用了涡动相关系统和热扩散探针监测技术,首次在西北半干旱区山地生态系统实现了对华北落叶松人工林水通量和能量通量多组分的同步监测,包括蒸散发、林冠层蒸腾、净辐射、土壤热通量、感热通量和潜热通量等,结合环境因子(如气温、水汽压差、土壤温度、净辐射、降水量等),揭示非生物环境因子对水通量的调控机制,阐明林冠层蒸腾、蒸散发与能量通量的关系。同时,同步监测了华北落叶松人工林水通量和碳通量,从净生态系统交换量中拆分出生态系统呼吸和总初级生产力,揭示了影响华北落叶松人工林碳通量及其组分变化的主要环境驱动因子,以及华北落叶松人工林生态系统水分利用效率、潜在水分利用效率和光能利用效率,及其对环境因子的响应关系。本书的研究成果不仅有助于深化对西北半干旱区华北落叶松人工林生态系统水碳循环过程的理解,也为该区域的林业生态建设、水资源管理和气候变化适应策略提供科学依据和技术支撑。

在研究内容上,本书首先概述了西北半干旱区华北落叶松人工林的基本特征和生态环境背景,然后深入分析了该区域华北落叶松人工林的水碳通量特征,包括蒸腾作用、光合作用、生态系统呼吸等过程。在此基础上,进一步探讨了影响该区域华北落叶松人工林水碳通量的主要因素,并分析了这些因素如何相互作用,共同影响森林生态系统的水碳循环过程。本书共分为5章内容,第1章主要通过梳理国内外文献及资料,论述了森林生态系统水碳通量研究现状及发展动态、研究方法以及水碳通量与能量通量之间的关系,提出了西北半干旱区人工林生态系统在水碳通量研究方面的不足。第2章通过热扩散探针监测技术揭示了西北半干旱区山地生态系统华北落叶松人工林的耗水特征及影响因素。第3章采用了涡动相关系统和热扩散探针监测技术揭示了华北落叶松人工林生态系统水热通量和能量分配及其影响因素。第4章通过涡动相关系统监测揭示了华北落叶松人工林的碳汇能力、水分利用效率、光能利用效率及其影响因素。第5章为结论和展望。相关成果也发表在了 *Forest Ecology and Management*(2019和2024)和 *Forests*(2021)等国际期刊上。本书也是对韩春博士和博士后期间相关研究成果的归纳、凝练和总结,旨在系统总结西北半干旱区山地森林生态系统人工林碳收支、水量平衡研究成果。我们期待本书的出版能够为相关领域的研究人员提供参考和借鉴,共同推动半干旱区山地森林生态系统的可持续发展。

本书得到了国家自然科学基金项目(32125028,32192431)、甘肃省拔尖领军人才(科学技术领域)项目、甘肃省重大科技专项(23ZDKA0006)、中央高校基本科研业务费专项(lzujbky-2021-pd06,lzujbky-2023-eyt01)和青海大学高原生态与农业国家重点实验室开放项目(2023-ZZ-03)等的资助,以及管超、王颖、周思捷、杨鑫东等同志的帮助,在此一并致谢!

由于作者水平有限,书中难免存在疏漏之处,恳请广大同行和读者批评指正!

赵长明　韩春
2025年3月

目　录

第3章 华北落叶松人工林水热通量特征及能量分配过程

第4章　华北落叶松人工林碳通量特征及其影响因素

第5章 结论与展望

第 1 章

绪 论

1.1 研究背景

气候变化是人类面临的全球性问题，随着各国二氧化碳排放的日益剧增，全球气温逐年升高，如果继续以目前的升温速度，全球增温幅度可能会在 2030 年至 2052 年达到 1.5℃，对生命健康将造成严重的威胁。为应对全球气候变化，中国政府提出"二氧化碳排放量力争于 2030 年前达到峰值，努力争取 2060 年前实现碳中和"的宏伟目标，并列入生态文明建设的整体布局之中。碳中和是指在一定时间内直接或间接产生的温室气体排放总量，通过提高基于自然的解决方案(nature-based solutions，NBS)来提升吸碳能力，或通过工程技术手段(碳封存、碳捕获等)抵消产生的二氧化碳，实现温室气体"净零排放"(Yang et al.，2022)。其中，基于自然的解决方案是实现碳中和成本最低的路径，而以森林为主体的自然生态系统将发挥重要作用。习近平总书记高度重视森林的生态功能，明确指出森林是陆地生态系统的主体，是人类生存和发展的根基，对维护区域生态平衡和国家生态安全发挥着不可替代的作用。

陆地生态系统具有巨大的碳吸收能力，是国内外公认的最经济、最绿色的碳汇途径，既是基于自然途径解决气候变化的重要组成部分，也是在减缓气候变化背景下提升陆地碳汇的最有效方法(Wang et al.，2022)。大量研究表明，森林生态系统是陆地生态系统碳汇的主体，占陆地生态系统碳汇总量的 65%～90%，但在不同区域的研究中存在较大的差异(Cai et al.，2022)。根据联合国粮食及农业组织 2020 年全球森林资源评估结果，全球森林面积约为 40.6 亿 hm^2，覆盖了陆地面积约 1/3，储存了陆地生态系统约 90% 的碳(Le Quéré et al.，2018)。全球森林的碳贮量约占全球植被碳贮量的 77%，2008—2017 年间，森林生态系统的年平均固碳量约为(3.5±1.0)Pg C(Collalti et al.，2020)，可见森林作为陆地生态系统贮碳库的重要性(Carvalhais et al.，2014)。此外，森林生态系统在全球碳循环中也发挥着重要的作用(Tong et al.，2012；Lindroth et al.，2020)。我国陆地生态系统碳贮量约为 792 亿 t，年均固碳量约 2.01 亿 t，可抵消同期化石燃料燃烧碳排放量的 14.1%，其中森林的贡献约为 80%。从全球而言，干旱地区(包括极干旱、干旱、半干旱和干旱半湿润地区)覆盖约 61 亿 hm^2 土地，占地球陆地面积的 41%。根据联合国粮食及农业组织的评估，其中约 11 亿 hm^2 为森林，干旱地区的森林面积占全球的 18%，近 1/3 的干旱地区有森林覆盖。可见干旱地区森林生态系统的碳汇功能对全球碳固定具有非常重要的作用。因此，科学评估中国森林生态系统(植被和土壤)碳汇能力的空间变异规律、定量研究旱区森林生态系统在减排增汇中的作用，是我国科学制定碳中和战略目标的重要依据和抓手。

1.2　森林生态系统碳、水通量研究现状及发展动态

1.2.1　森林生态系统碳、水循环

森林生态系统是陆地生态系统重要的碳库，树木通过光合作用固定的地上生物量、凋落物以及森林土壤固定的碳都是森林生态系统主要的碳库(beer et al.，2009)，而森林通过自养呼吸(autotrophic respiration)和异氧呼吸(heterotrophic respiration)将有机物分解为 CO_2 并释放到大气中的过程是森林生态系统主要碳源(Baldocchi et al.，2015；Jia et al.，2020)。森林生态系统土壤是最大的碳库，而地上部分生物量是最大的碳汇，地上部分生物量和木材约占森林固碳量的 75%(Schulte−Uebbing and de Vries，2018)。目前，在全球热带、温带和寒带森林生态系统碳、水通量研究方面已经投入了大量的精力，并取得了丰硕的研究成果(Tang et al.，2012；Tang and Tang，2021)。研究表明，由于全球气候变暖，北半球中高纬度地区针叶林的生长期显著延长，固碳能力也有显著增强的趋势(Piao et al.，2007；Thurner et al.，2013；Tang et al.，2017)。然而，一些学者预测，随着全球气候变暖，生态系统呼吸(ecosystem respiration，RECO)也会增强，尤其是在北半球高纬度地区的针叶林，会释放更多的 CO_2，到 21 世纪末有可能从碳汇转变为碳源(Gauthier et al.，2015；Zagirova et al.，2020)。

森林生态系统碳、水循环与全球气候变化息息相关，控制着区域碳、水平衡，在全球气候变化背景下，森林生态系统碳、水关系已成为生态水文学领域中的一个热点科学问题(Bunting and Gates，1993)。森林作为陆地生态系统的主体，是一个巨大的碳库，其碳储存量是大气的 3 倍(王春林等，2006)，并且对全球气候变化非常敏感(Beer et al.，2010)。而森林生态系统与大气的碳交换量作为陆地生态系统碳循环的主体，在维持全球碳循环和碳平衡、减缓大气中 CO_2 等温室气体的升高、调节全球气候变化等方面发挥着至关重要的作用(王邵军和阮宏华，2011)。因此，研究森林生态系统碳、水循环过程

及其控制机理，对评价区域碳汇功能以及深入研究森林生态系统对全球气候变化的响应机制有着重要意义(Jha et al.，2013)。

1.2.2 森林生态系统碳、水通量与能量通量的关系

森林生态系统作为陆地水分交换的重要场所，调节着陆地与大气之间的能量交换和碳水通量(Jasechko et al.，2013；Liu et al.，2020；van Dijke et al.，2020)。水和能量平衡是森林生态系统中最重要的生态水文过程，蒸散发(evapotranspiration，ET)过程影响着陆地生态系统的能量流动和水循环过程，同时也连接着大气—植被—土壤的水文和生态过程(Good et al.，2015；Xu et al.，2019)，在一定程度上影响小尺度内的微气象状况和大范围的气候变化。蒸散发是植被和陆地表面整体向大气输送的水汽总通量，包括蒸腾(transpiration，T)和蒸发(evaporation，E)两部分(Jasechko et al.，2013；Good et al.，2015)。具体来说，蒸腾主要发生在植被层，蒸发主要包括树冠截留蒸发、枯落物层截留蒸发以及土壤蒸发(Jasechko et al.，2013；Good et al.，2015)。因此，蒸散发是解释不同时空尺度和生态系统水循环过程的重要研究对象(Castelli et al.，2018；Alves et al.，2021)。蒸散发主要受太阳净辐射(net radiation，R_n)(Knowles et al.，2012；Zhang et al.，2018a)、饱和水汽压差(water vapor pressure deficit，VPD)以及土壤含水量(soil water content，SWC)(Katul et al.，2012；Li et al.，2019；Liu et al.，2020)等环境因子的共同影响，同时全球气候变化也可能对蒸散产生巨大影响。因此，通过量化蒸散发可了解森林生态系统碳水通量的变化及其对气候变化的响应，对研究土壤—植物—大气连续体(soil-plant-atmosphere continuum，SPAC)系统内水分循环过程具有重要意义。

水热条件是影响森林生态系统生产力和碳水通量最重要的环境因子之一(于贵瑞和孙晓敏，2008)。森林生态系统作为陆地生态系统的主体，在降低大气中温室气体浓度、调节气候、涵养水源、维持生物多样性等多方面发挥着重要作用，也是承载陆地生态系统物质循环和能量流动的主要载体。在生态系统尺度上将水循环与能量流动紧密联系在一起，从宏观的角度解释了森林生态系统的能量流动与水文特征的相互关系(王德连等，2004)。结合森林生态系统能量流动和物质循环理论，可以分析森林生态系统水循环过程和交换机理。

1.2.3 森林生态系统碳、水通量研究方法

20 世纪 50 年代以前,对森林生态系统的研究更多地关注生态系统的结构方面,如树种普查,多样性、年龄结构和林分密度的调查等,而忽略了森林生态系统作为一个整体在碳水循环、碳储量以及对环境响应等方面的作用(刘强等,2000)。至 20 世纪 60 年代,基于国际生物学计划(International Biological Programme,IBP)和人与生物圈计划(Man and the Biosphere Programme,MAB),通过研究森林的生物量和生产力以及基于森林定位站的长期观测等,为研究森林生态系统物质循环和能量流动及其他生理生态机理提供了更多连续且科学的数据基础(Aubinet et al.,2002)。目前,对森林生态系统碳、水通量的研究方法主要包括基于生物量和土壤调查法、碳循环模型的估算法、化学法、箱式法(多用于森林土壤呼吸的测定)、微气象学法和同位素法等,微气象法又包括空气动力学法和涡动相关法(王妍等,2006;吴家兵等,2003)。当前,关于森林生态系统碳、水通量的研究,无论是在研究方法还是研究精度等方面都得到了极大的提高。

1.3 半干旱区人工林生态系统研究进展

1.3.1 半干旱区人工林现状

旱区是指干旱指数(Aridity Index,AI)小于 0.65 的区域,其降水量相对较低,年内、年际间变异较大,而且潜在年均蒸发量远大于年均降水量(≥1.5倍)。根据干旱指数(AI)可进一步划分为干旱半湿润区(0.5≤AI<0.65)、半干旱区(0.2≤AI<0.5)、干旱区(0.05≤AI<0.2)和极旱区(AI<0.05)(Pointing and Belnap,2012)。旱区约占地球陆地表面积的41%,是地球陆地生态系统的主要组成部分,在农业和国民经济发展中占有重要地位(Reynolds et al.,2007;Schimel,2010)。全球旱区主要分布在北美洲的西南部和西北部、南美洲西海岸、非洲中部以外地区、欧洲东南部、亚洲的西部和中部、大洋洲等地区(Koutroulis,2019)。旱区居住着全球大约39%的人口,以发展中国家为主。其中,旱区森林生态系统(灌木和乔木)约占全球旱区总面积的18%,在旱区生态系统中具有重要的生态价值(Maestre et al.,2016)。预计到2100年,全球旱区面积将增加7%,数十亿旱区人口的生存面临威胁,旱区的扩张及其环境恶化将对发展中国家产生更大的不良影响(Huang et al.,2016;Koutroulis,2019),可

能会改变旱区生态系统的结构和功能。半干旱地区通常指降水量介于干旱和湿润地区之间的过渡地带，这些区域的特点是降水量少且不稳定、蒸发量高、植被覆盖相对稀疏（Ukkola et al.，2021）。全球半干旱区广泛分布在非洲、亚洲、澳大利亚、北美洲和南美洲等地（Koutroulis，2019）。半干旱区的森林生长缓慢，生物多样性较低，但其生态功能对维持当地生态平衡至关重要（Cheng et al.，2019）。半干旱地区的植被对干旱事件的响应具有高度敏感性（Yang et al.，2023），干旱会显著影响植被物候和生产力（Kang et al.，2018）。随着气候变化的加剧，半干旱地区的干旱程度可能会进一步加剧，对森林的生存和发展构成严峻挑战（李明星和马柱国，2015）。因此，未来的研究需要更加关注半干旱区森林的适应机制、水分利用效率以及生态系统服务功能，为制定合理的森林管理策略提供科学依据。

在旱区，森林主要分布在干旱半湿润和半干旱区，其森林面积达到了10.79亿 hm^2（Bastin et al.，2017），约占全球森林面积的27%（Keenan et al.，2015）。目前，植树造林已经被广泛用于陆地生态系统的植被恢复，人工林主要集中在东亚、欧洲、北美、南亚和东南亚、南美、北非等地区；其中，中国人工林面积位居世界第一，其次是美国、俄罗斯和加拿大（Payn et al.，2015）。在1990—2015年期间，全球人工林从1.68亿 hm^2 增加到了2.78亿 hm^2，增加了66%（Payn et al.，2015）。研究表明，2020年全国森林覆盖率达到23.04%，中国成为全球森林资源增长最多和人工造林面积最大的国家。中国半干旱地区的森林受到了广泛关注，尤其是在生态恢复和水土流失治理方面（Cao et al.，2010；Cheng et al.，2019）。虽然人工林在我国分布广泛，但对其研究起步较晚且缺乏基础数据，因而许多地方都无法正确地估算和评价人工林的生物量、蓄积量及其碳源/汇功能。因此，在全球气候变化的背景下，十分有必要研究旱区森林生态系统碳汇功能。

1.3.2 半干旱区人工林生态系统碳、水通量研究进展

森林生态系统作为陆地生态系统中最大的碳库，具有较强的自我调控、抗干扰和恢复能力，在调节和减缓全球气候变化过程中发挥着重要的作用（李伟等，2014）。但由于过去毁林开荒，过度砍伐以及森林木材与林产品的不合理开发和利用等，致使森林面积锐减，从削弱森林生态系统在减缓气候变暖等方面的功能和作用。为了改善生态环境，我国先后实施了一系列重大的林业生态工程，如天然林资源保护工程、退耕还林（草）工程、三北防护林工程、京津风沙

源治理工程等,通过这些大规模林业生态工程的人工造林,有力地促进了我国人工林资源的快速增长(魏晓华等,2015)。根据第八次全国森林资源清查结果,我国的森林面积达 2.08 亿 hm^2,森林覆盖率从 20 世纪 80 年代的 16% 增长到当前的 21.63%,其中人工林面积为 6933 万 hm^2,居世界首位,蓄积量达 24.83 亿 m^3。随着人工林面积和蓄积量的持续增加,其在全球碳循环中也将占据越来越重要的地位。

目前,有关半干旱区人工林生态系统的研究主要集中在生态系统结构和功能(Feng and Liu,2016;Zhang et al.,2018b)方面,多围绕植被生产力、植物物种多样性、土壤水分、土壤养分和土壤微生物等方面展开比较分析研究(Kou et al.,2016;Shi et al.,2016;Bayen et al.,2021)。然而,针对半干旱区人工林生态系统的研究相对匮乏,尤其忽略了其碳汇功能、水分循环和能量流动对区域环境的影响。因此,了解半干旱区人工林生态系统的总初级生产力(gross primary production,GPP)、生态系统呼吸(ecosystem respiration,RECO)、净生态系统交换量(net ecosystem exchange,NEE)、蒸散发、能量通量过程对环境因子的响应,对评估气候变化背景下半干旱区森林生态系统碳源/汇潜力及其生态水文过程具有重要意义(Sharma et al.,2019;Alves et al.,2021)。

1.4 涡动相关技术国内外研究进展

1.4.1 涡动相关技术简述

涡动相关技术是一种非破坏性的微气象通量测定技术。Reynolds 于 1895 年建立了涡动相关技术的理论框架,但是由于受技术条件的限制,直到 1926 年才开始利用简单仪器和数据采集器进行研究。经过长期的理论发展和技术进步,直到 20 世纪 70 年代初,才真正开始利用涡动相关技术测定 CO_2 通量(Desjardins,1974)。20 世纪 70 年代末至 80 年代初,涡动相关技术由于超声风速仪和开路红外气体分析仪的成熟而走向实用(Jones et al.,1978;Brach et al.,1981)。Wofsy(1993)被认为是在自然生态系统长期应用涡动相关技术测量 CO_2 通量的第一位科学家,其研究方法一直延续至今。

涡动相关系统主要由超声风速仪和红外 CO_2/H_2O 气体分析仪组成,以微气象原理为依据来测定植被冠层与大气界面的 CO_2 交换量,通过测定垂直风速和大气中二氧化碳和水汽浓度脉动值的协方差,从而计算植被与大气间的碳、水通量。因为大气中物质的垂直交换往往是通过空气涡旋流动来进行的，这种涡旋带动空气中不同的物质包括 CO_2 向上或者向下通过某一参考面，两者之差就是生态系统固定或释放 CO_2 的量（Aubinet et al.，2012）。从 20 世纪 50 年代被提出以后，涡动相关理论和技术的快速发展，使其成为生态系统尺度上碳、水通量研究的最主要方法之一，且逐步实现了生态系统尺度上生产力、能量平衡和温室气体交换等功能和过程的直接测定（吴家兵等，2003），在全球碳、水循环的研究中发挥着重要的作用（Baldocchi et al.，2001a）。

目前，涡动相关技术已经广泛应用于陆地生态系统碳吸收与排放的测定中（Law et al.，2002；Ciais et al.，2005）。涡动相关法能够进行长期定位监测，感知痕量气体的微小变化，实现气象因子的同步观测，且具有测定频率高，步长短，在较短时间内可获得大量通量和气象数据，对生态系统下垫面和周围环境干扰小等众多优点，其观测数据能用于多时间尺度水、碳通量变化特征及其对环境变化响应机制的研究。近年来，以涡动相关法为基础的研究内容已从对通量的时空动态特征分析及其对环境变化响应机制的研究，逐步转向了涡动相关法对水、碳通量观测误差的探讨，包括碳、水循环模型的验证与优化等多个方面（Richardson et al.，2010）。

1.4.2 涡动相关技术国内外发展动态

近年来，随着通量观测技术、数据采集和储存技术的进步以及通量观测理论的日趋成熟，涡动相关技术已能够直接且长期连续地测定生态系统的湍流通量，并能得到其在日、季节和年际等时间尺度上的碳、水通量信息等，因而已被广泛地应用于陆地生态系统碳、水通量以及能量通量的研究中。许多国家和地区都先后利用涡动相关技术和设备对不同生态系统开展了长期连续定位观测，并逐渐形成了涵盖不同气候带（如热带气候、温带气候、地中海气候和干旱性气候等）和不同植被类型（如热带雨林、常绿阔叶林、落叶阔叶林、常绿针叶林、针阔混交林、稀树草原、温带草地、灌丛、湿地、苔原和农田等）的国际通量观测研究网络（FLUXNET）。在涡动相关技术发展的近 20 年里，截至 2023 年全球通量观测网络联盟（FLUXNET）至今已发展到 900 多个观测站点（Baldocchi，2020）。包括美国通量网（AmeriFlux）、欧洲通量网（EuroFlux）、澳洲通量网（OzFlux）、加拿大通量网（Fluxnet-Canada）、中国通量网（ChinaFlux）、韩国通量网（KoFlux）等（https：//daac.ornl.gov/FLUXNET/guides/Fluxnet_site）。

在所有的通量观测站点中，研究森林生态系统碳平衡的占据了 73%，可以看出森林生态系统已成为碳平衡研究的热点(Baldocchi et al., 2001a),也是陆地生态碳循环研究的主要组成部分之一。然而地球上自然植被比较复杂,国际通量观测研究网络观测站点的布局在地理空间和植被类型上并不均匀(于贵瑞和孙晓敏,2006),通量观测结果的空间代表性十分有限。此外,目前对全球陆地生态系统碳源/汇强度及其空间分布格局的评估仍存在着很大的不确定性(Pacala et al., 2001),这也是引起全球"未知碳汇"(missing carbon sink)现象的重要原因。因此,在全球气候变化背景下,对森林生态系统碳水通量及能量通量的监测也十分有必要,尤其对了解半干旱区森林生态系统耗水特征、碳水耦合机制、水通量与能量通量的关系、生态水文过程等具有重要的意义,对未来半干旱区造林树种的选择也具有重要的实践意义。

我国通量研究虽然起步晚,但是发展快,已取得了很多成就。中国通量观测研究网络(ChinaFLUX)于2001年开始自主设计并完成了观测研究网络的台站布局、通量观测塔建设、观测仪器选型、观测系统集成以及野外工程实施等关键技术研发,并于2002年投入野外运行。创始之初由6个观测研究站(8个生态系统站点)和1个综合中心组成,2003年新增两个观测研究站,形成了我国陆地生态系统通量观测研究体系的基础框架。截至2024年,ChinaFLUX的观测研究站点已达80余个,其中包括18个农田站、18个草地站、30个森林站、15个湿地站、2个荒漠站、1个城市站、1个湖泊站和1个海洋站。所观测的森林生态系统类型主要包括热带雨林(西双版纳)、南亚热带典型常绿阔叶林(鼎湖山)、亚热带红壤丘陵人工林(千烟洲)、亚热带杉木人工林(会同)、温带落叶阔叶混交林(北京)以及温带针阔叶混交林(长白山)等(马虹等,2012)。此外,兰州大学近年来以青藏高原、黄土高原和内蒙古高原交汇区为重点区域,在寒旱区典型生态系统碳、水通量联网观测方面也取得了明显进展,共建成通量观测站点20余个,系统开展了寒旱区森林、灌丛、草地、湿地、荒漠、农田等典型生态系统碳水通量系列研究。

中国通量观测研究网络长期致力于生态系统碳、氮、水和能量通量及过程的协同观测。采用涡动相关技术,结合箱式法、稳定同位素技术、地面调查与近地面遥感等方法,在我国主要气候区和生态系统类型中开展了长达20多年的生态系统通量—环境要素—生态过程的协同联网观测,认识了不同类型生态系统碳、氮、水和能量通量及其循环过程动态变化与调控机制,获取并积累了我国时间最长的陆地生态系统碳、氮、水通量第一手观测数据,为我国的资源环境和生态学研究、生态安全评估、生态环境保护、区域生态治理以及应对气候变化决策制定提供了丰富的理论与数据支撑。

我国现有的森林生态系统站点涵盖了我国主要的森林生态系统类型，从黑龙江寒温带落叶针叶林(黑龙江呼中站)到海南热带雨林(尖峰岭站)；从青藏高原东部暗针叶林(贡嘎山站)到亚热带人工林(千烟州站)等，这些站点遍布我国主要林区和气候分布带，形成了具有代表性的森林生态系统通量观测网络。这些站点为分析我国不同森林生态系统碳循环过程的生物物理学特征，揭示我国典型森林生态系统碳通量时空变化规律及其动力学机制提供了保障。然而，对于国内森林生态系统碳通量而言，无论是从气候地带性来划分，还是从森林自身的特性来划分，我国的研究布点和欧美相比仍然不足(王妍等，2006)，对于满足精确估算中国森林生态系统碳收支的要求还相差甚远。因此，亟须增加中国陆地生态系统通量观测站点，增强其在地理空间和植被类型上的代表性，这是当前中国区域通量观测事业发展面临的紧迫任务(于贵瑞等，2006；于贵瑞等，2014)。此外，有关西北半干旱区人工针叶林生态系统碳通量研究还处于初级阶段，源/汇强度等关键数据尚不清楚，仍有待进一步研究。

1.5 研究目的与意义

自 20 世纪 50 年代开始我国实施退耕还林(草)、"三北"防护林及天然林资源保护等生态治理工程以来，已在西北半干旱区种植了大量的人工林(包括针叶林、阔叶林和灌木林)，但其生态效益尚不明确，西北半干旱区人工林生态系统的碳水通量的时空动态变化特征尚不明晰。此外，关于西北半干旱区人工林生态系统的固碳功能、蒸散发及碳水耦合过程及其对环境因子的响应，以及对气候变化的响应等方面的研究仍然很少。因此，在全球气候变化的背景下，为了能够更好地应对气候变化，既要充分发挥旱区人工林在增加碳汇、调节气候等方面的积极作用，又要避免因固碳过程而引发或加剧水资源匮乏、土地退化等环境问题，需要更深入地了解西北半干旱区人工林生态系统碳水通量对不同气候变化的响应机理，并研究气候变化对西北半干旱区人工林生态系统碳水交换过程及其影响因素。目前，对西北半干旱区人工林的研究基本上都集中在人工林生态系统的单一功能(包括水量平衡、土壤养分、生物多样性等)方面，对该区域人工林生态系统碳、水通量及其与环境因子间相互作用的研究并不多。通过对西北半旱区不同气候条件下人工林生态系统能量分配和蒸散发生物物理控制因子的研究，有助于认识西北半干旱区森林生态系统与气候间的相互关系，为西北半干旱区制定科学合理的造林政策和人工林的经营管理提供理论依据和技术支持。

针对当前我国西北半干旱区人工林生态系统的碳汇功能、蒸散发及碳水耦合过程及其对环境因素响应等方面研究不足的问题，本研究拟对西北半干旱区典型人工林华北落叶松(*Larix principis-rupprechtii*)生态系统碳水循环展开研究，从而增进对西北半干旱区人工林生态系统碳水循环的理解，从生态系统类型上补充与完善当前我国森林生态系统碳循环的研究，为准确评估全球碳收支提供科学依据。本研究以涡动相关通量观测数据为基础，从生态系统尺度上研究我国西北半干旱区华北落叶松人工林生态系统的碳交换量及其各组分(总初级生产力、净初级生产力、呼吸作用等)的动态过程与影响机制，明确西北半干旱区华北落叶松生态系统的减排增汇能力，定量评估西北半干旱区华北落叶松森林生态系统在减排增汇中的作用；精确测量西北半干旱区华北落叶松人工林生态系统碳收支状况及林分水分消耗情况，揭示西北半干旱区华北落叶松人工林生态系统碳水交换过程与控制机理；分析西北半干旱区华北落叶松人工林生态系统能量分配和蒸散发的变化特征及其相应的生物物理机理，评估西北半干旱区人工林生态系统在水分短缺区域的可持续性及其对环境因子的响应，为西北半干旱区人工林的经营管理提供理论支撑，也为实现"碳达峰""碳中和"的目标提供科学依据。

参考文献

李明星，马柱国，2015. 基于模拟土壤湿度的中国干旱检测及多时间尺度特征[J]. 中国科学：地球科学，45(7)：994-1010.

李伟，王秋华，沈立新，2014. 气候变化对森林生态系统的影响及应对气候变化的森林可持续发展[J]. 林业调查规划，39(1)：94-97+114.

刘强，刘嘉麒，贺怀宇，2000. 温室气体浓度变化及其源与汇研究进展[J]. 地球科学进展(4)：453-460.

马虹，陈亚宁，李卫红，2012. 陆地生态系统 CO_2 与水热通量的研究进展[J]. 新疆环境保护，34(2)：1-8.

王春林，于贵瑞，周国逸，等，2006. 鼎湖山常绿针阔叶混交林 CO_2 通量估算[J]. 中国科学 D 辑：地球科学(S1)：119-129.

王德连，雷瑞德，韩创举，2004. 国内外森林水文研究现状和进展[J]. 西北林学院学报(2)：156-160.

王邵军，阮宏华，2011. 全球变化背景下森林生态系统碳循环及其管理[J]. 南京林业大学学报(自然科学版)，35(2)：113-116.

王妍，张旭东，彭镇华，等，2006. 森林生态系统碳通量研究进展[J]. 世界林业研究(3)：12-17.

魏晓华，郑吉，刘国华，等，2025. 人工林碳汇潜力新概念及应用[J]. 生态学报，35(12)：3881-3885.

温学发，于贵瑞，孙晓敏，2004. 基于涡度相关技术估算植被/大气间净 CO_2 交换量中的不确定性[J]. 地球科学进展(4)：658-663.

吴家兵，张玉书，关德新，2003. 森林生态系统 CO_2 通量研究方法与进展[J]. 东北林业大学学报(6)：49-51.

于贵瑞，伏玉玲，孙晓敏，等，2006. 中国陆地生态系统通量观测研究网络(ChinaFLUX)的研究进展及其发展思路[J]. 中国科学 . D 辑：地球科学(S1)：1-21.

于贵瑞，孙晓敏，2008. 中国陆地生态系统碳通量观测技术及时空变化特征[M]. 北京：科学出版社.

于贵瑞，张雷明，孙晓敏，2014. 中国陆地生态系统通量观测研究网络(ChinaFLUX)的主要进展及发展展望[J]. 地理科学进展，33(7)：903-917.

ALVES J D N, RIBEIRO A, RODY Y P, et al., 2021. Carbon uptake and water vapor exchange in a pasture site in the Brazilian Cerrado [J]. J. Hydrol, 594：125943.

AUBINET M, HEINESCH B, YERNAUX M, 2002. Eddy covariance CO_2 flux measurements in nocturnal conditions：an analysis of the problem[J]. Agricultural and Forest Meteorology, 113(1-4)：223-243.

AUBINET M, VESALA T, PAPALE D, 2012. Eddy covariance：a practical guide to measurement and data analysis[M]. Springer.

BALDOCCHI D D, 2020. How eddy covariance flux measurements have contributed to our understanding of Global Change Biology[J]. Glob. Chang Biol., 26：242-260.

BALDOCCHI D, FALGE E, Gu L, et al. , 2001a. FLUXNET: A New tool to study the temporal and spatial variability of ecosystem-scale carbon dioxide, water vapor, and energy flux densities[J]. Bulletin of the American Meteorological Society, 82 (11): 2415-2434.

BALDOCCHI D, STURTEVANT C, CONTRIBUTORS F, 2015. Does day and night sampling reduce spurious correlation between canopy photosynthesis and ecosystem respiration? [J]. Agric. For. Meteorol, 207: 117-126.

BASTIN J F, BERRAHMOUNI N, GRAINGER A, et al. , 2017. The extent of forest in dryland biomes[J]. Science, 356: 635-638.

BAYEN P, LYKKE A M, KAGAMBÈGA F W, et al. , 2021. Effect of water stress on growth and dry matter distribution of four dryland species used in tree planting in the Sahel [J]. Forestry: An International Journal of Forest Research, 94: 538-550.

BEER C, CIAIS P, Reichstein M, et al. , 2009. Temporal and among-site variability of inherent water use efficiency at the ecosystem level[J]. Global Biogeochem, 23: GB2018.

BEER C, REICHSTEIN M, TOMELLERI E, et al. , 2010. Terrestrial gross carbon dioxide uptake: global distribution and covariation with climate[J]. Science, 329: 834-838.

BRACH E J, DESJARDINS R L, AMOUR G T S, 1981. Open path CO_2 analyser [J]. Journal of Physics E: Scientific Instruments, 14: 1415-1419.

BUNTIONG S C, GATES D M J J o R M, 1993. Climate changes and its biological consequences[J]. Journal of Range Management, 48(4): 383-384.

CAI W X, HE N P, LI M X, et al. , 2022. Carbon sequestration of Chinese forests from 2010 to 2060: spatiotemporal dynamics and its regulatory strategies [J]. Science Bulletin, 67(8): 836-843.

CAO S, TIAN T, CHEN L, et al. , 2010. Damage caused to the environment by reforestation policies in arid and semi-arid areas of China [J]. Ambio, 39: 279-283.

CARVALHAIS N, FORKEL M, KHOMIK M, et al. , 2014. Global covariation of carbon turnover times with climate in terrestrial ecosystems [J]. Nature, 514:

213-217.

CASTELLI M, ANDERSON M C, YANG Y, et al. , 2018. Two-source energy balance modeling of evapotranspiration in Alpine grasslands[J]. Remote Sens. Environ, 209: 327-342.

CHENG Y, ZHAN H, SHI M, 2019. Can the Pinus sylvestris var. mongolica sand-fixing forest develop sustainably in a semi - arid region? [J] Hydrol. Earth Syst. Sci. Discuss. , 2019, 1-17.

CIAIS P, REICHSTEIN M, VIOVY N, et al. , 2005. Europe-wide reduction in primary productivity caused by the heat and drought in 2003 [J] . Nature, 437: 529-533.

COLLALTI A, IBROM A, STOCKMARR A, et al. , 2020. Forest production efficiency increases with growth temperature[J]. Nat. Commun, 11: 5322.

DESJARDINS R L, 1974. A technique to measure CO_2 exchange under field conditions[J]. Int. J. Biometeorol, 18: 76-83.

FENG J, LIU H, 2016. Response of evapotranspiration and CO_2 fluxes to discrete precipitation pulses over degraded grassland and cultivated corn surfaces in a semiarid area of Northeastern China[J]. J. Arid Environ, 127: 137-147.

GAUTHIER S, BERNIER P, Kuuluvainen T, et al. , 2015. Boreal forest health and global change[J]. Science, 349: 819-822.

GOOD S P, NOONE D, BOWEN G, 2015. Hydrologic connectivity constrains partitioning[J]. Science, 349: 175-177.

HUANG J, YU H, GUAN X, et al. , 2016. Accelerated dryland expansion under climate change[J]. Nature Climate Change, 6: 166-171.

JASECHKO S, SHARP Z D, GIBSON J J, et al. , 2013. Terrestrial water fluxes dominated by transpiration[J]. Nature, 496: 347-350.

JHA C S, THUMATY K C, Rodda S R, et al. , 2013. Analysis of carbon dioxide, water vapour and energy fluxes over an Indian teak mixed deciduous forest for winter and summer months using eddy covariance technique[J]. Journal of Earth System Science, 122: 1259-1268.

JIA X, MU Y, ZHA T, et al. , 2020. Seasonal and interannual variations in ecosystem respiration in relation to temperature, moisture, and productivity in a temperate semi-arid shrubland[J]. Sci. Total Environ, 709: 136210.

JONES E P, WARD T V, ZWICK H H, 1978. A fast response atmospheric CO_2 sensor for eddy correlation flux measurements[J]. Atmospheric Environment, (1967) 12: 845-851.

KANG W, WANG T, LIU S, 2018. The Response of Vegetation Phenology and Productivity to Drought in Semi-Arid Regions of Northern China [J]. Remote Sensing, 10: 727.

KATUL G G, OREN R, MANZONI S, et al. , 2012. Evapotranspiration: A process driving mass transport and energy exchange in the soil-plant-atmosphere-climate system[J]. Reviews of Geophysics, 50: RG3002.

KEENAN R J, REAMS G A, ACHARD F, et al. , 2015. Dynamics of global forest area: Results from the FAO Global Forest Resources Assessment 2015[J]. For. Ecol. Manag, 352: 9-20.

KNOWLES J F, BLANKEN P D, WILLIAMS M W, et al. , 2012. Energy and surface moisture seasonally limit evaporation and sublimation from snow-free alpine tundra[J]. Agric. For. Meteorol, 157: 106-115.

KOU M, GARCIA-FAYOS P, HU S, et al. , 2016. The effect of *Robinia pseudoacacia* afforestation on soil and vegetation properties in the Loess Plateau (China): A chronosequence approach[J]. For. Ecol. Manag, 375: 146-158.

KOUTROULIS A G, 2019. Dryland changes under different levels of global warming [J]. Sci. Total Environ, 655: 482-511.

LAW B E, FALGE E, GU L, et al. , 2002. Environmental controls over carbon dioxide and water vapor exchange of terrestrial vegetation[J]. Agric. For. Meteorol, 113: 97-120.

LE QUÉRÉ C, ANDREW R M, FRIEDLINGSTEIN P, et al. , 2018. Global Carbon Budget 2018[R]. Earth System Science Data, 10: 2141-2194.

LI H, ZHU J, ZHANG F, et al. , 2019. Growth stage-dependant variability in water vapor and CO_2 exchanges over a humid alpine shrubland on the northeastern Qinghai-Tibetan Plateau[J]. Agric. For. Meteorol, 268: 55-62.

LINDROTH A, HOLST J, LINDERSON M L, et al. , 2020. Effects of drought and meteorological forcing on carbon and water fluxes in Nordic forests during the dry summer of 2018[J]. Philosophical Transactions of the Royal Society B-Biological Sciences, 375(1810): 20190516.

LIU J, CHENG F, MUNGER W, et al., 2020. Precipitation extremes influence patterns and partitioning of evapotranspiration and transpiration in a deciduous boreal larch forest[J]. Agric. For. Meteorol, 287: 107936.

MAESTRE F T, ELDRIDGE D J, SOLIVERES S, et al., 2016. Structure and functioning of dryland ecosystems in a changing world[J]. Annu. Rev. Ecol. Evol. Syst, 47: 215-237.

PACALA S W, HURTT G C, BAKER D, et al., 2001. Consistent Land- and Atmosphere-Based U. S. [J] Carbon Sink Estimates, 292: 2316-2320.

PAYN T, CARNUS J-M, FREER-SMIT P, et al., 2015. Changes in planted forests and future global implications[J]. For. Ecol. Manag, 352: 57-67.

PIAO S, FRIEDLINGSTEIN P, CIAIS P, et al., 2007. Growing season extension and its impact on terrestrial carbon cycle in the Northern Hemisphere over the past 2 decades[J]. Global Biogeochem. Cycles, 21(3): GB3018.

POINTING S B, BELNAP J, 2012. Microbial colonization and controls in dryland systems[J]. Nat. Rev. Microbiol, 10: 551-562.

REYNOLDS J F, SMITH D M S, LAMBIN E F, et al., 2007. Global desertification: building a science for dryland development [J]. Science, 316: 847-851.

REYNOLDS O, 1895. On the dynamical theory of incompressible viscous fluids and the determination of the criterion[J]. Philosophical Transactions of the Royal Society of London, 186: 123-164.

RICHARDSON A D, WILLIANS M, HOLLINGER D Y, et al., 2010. Estimating parameters of a forest ecosystem C model with measurements of stocks and fluxes as joint constraints[J]. Oecologia 164: 25-40.

SCHIMEL D S, 2010. Drylands in the Earth System[J]. Science, 327: 418-419.

SCHULTE-UEBBING L, de VRIES W, 2018. Global-scale impacts of nitrogen deposition on tree carbon sequestration in tropical, temperate, and boreal forests: A meta-analysis[J]. Glob Chang Biol. 24: e416-e431.

SHARMA S, RAJAN N, CUI S, et al., 2019. Carbon and evapotranspiration dynamics of a non‐native perennial grass with biofuel potential in the southern U. S. Great Plains. Agric[J]. For. Meteorol, 269-270: 285-293.

SHI S, PENG C, WANG M, et al. , 2016. A global meta‐analysis of changes in soil carbon, nitrogen, phosphorus and sulfur, and stoichiometric shifts after forestation[J]. Plant Soil, 407: 323-340.

TANG X G, LI H P, MA M G, et al. , 2017. How do disturbances and climate effects on carbon and water fluxes differ between multi‐aged and even‐aged coniferous forests? [J]. Sci. Total Environ, 599: 1583-1597.

TANG X, WANG Z, LIU D, et al. , 2012. Estimating the net ecosystem exchange for the major forests in the northern United States by integrating MODIS and Ameri‐Flux data[J]. Agric. For. Meteorol, 156: 75-84.

TANG Y, TANG Q, 2021. Variations and influencing factors of potential evapotranspiration in large Siberian river basins during 1975—2014 [J] .J. Hydrol, 598: 126443.

THURNER M, BEER C, SANTORO M, et al. , 2013. Carbon stock and density of northern boreal and temperate forests[J]. Glob. Ecol. Biogeogr, 23: 297-310.

TONG X, MENG P, ZHANG J, et al. , 2012. Ecosystem carbon exchange over a warm‐temperate mixed plantation in the lithoid hilly area of the North China [J]. Atmos. Environ, 49: 257-267.

UKKOLA A M, De KAUWE M G, RODERICK M L, et al. , 2021. Annual precipitation explains variability in dryland vegetation greenness globally but not locally [J]. Glob Chang Biol, 27: 4367-4380.

VAN DIJKE A J H, MALLICK K, SCHLERF M, et al. , 2020. Examining the link between vegetation leaf area and land‐atmosphere exchange of water, energy, and carbon fluxes using FLUXNET data[J]. Biogeosciences, 17: 4443-4457.

WANG Y, WANG X, WANG K, et al. , 2022. The size of the land carbon sink in China[J]. Nature, 603: E7-E9.

WOFSY S C, GOULDEN M L, MUNGER J W, et al. , 1993. Net exchange of CO_2 in a Mid‐Latitude Forest[J]. Science, 260: 1314-1317.

XU T, GUO Z, XIA Y, et al. , 2019. Evaluation of twelve evapotranspiration products from machine learning, remote sensing and land surface models over conterminous United States[J]. J. Hydrol, 578: 124105.

YANG M, ZOU J, DING J, et al. , 2023. Stronger Cumulative than Lagged Effects of Drought on Vegetation in Central Asia [J]. Forests, 14: 2142.

YANG Y, SHI Y, SUN W, et al. , 2022. Terrestrial carbon sinks in China and around the world and their contribution to carbon neutrality[J]. Science China. Life sciences, 65: 861-895.

ZAGIROVA S V, MIKHAYLOV O A, ELSAKOV V V, 2020. Carbon dioxide, heat, and water vapor fluxes between a spruce forest and the atmosphere in Northeastern European Russia[J]. Biol. Bull, 47: 306-317.

ZHANG F, LI H, WANG W, et al. , 2018a. Net radiation rather than surface moisture limits evapotranspiration over a humid alpine meadow on the northeastern Qinghai-Tibetan Plateau[J]. Ecohydrology, 11: e1925.

ZHANG W, RER C, DENG J, et al. , 2018b. Plant functional composition and species diversity affect soil C, N, and P during secondary succession of abandoned farmland on the Loess Plateau[J]. Ecological Engineering, 122: 91-99.

第 2 章

华北落叶松人工林耗水
特征与气象因子的关系

2.1 引 言

众所周知，全世界干旱和半干旱区约占全球陆地面积的1/3以上，土壤水分匮缺是影响植被生态和水文过程的主要因素（Okin et al.，2006），导致干旱和半干旱地区环境恶劣，植被覆盖率低，水土流失严重，严重制约了当地经济的发展。与此同时，全球气候变化也加剧了这种情况的发生。在过去的几十年里，退耕还林工程为中国的生态恢复作出了突出的贡献（Chen et al.，2019；Zhu et al.，2019），这些全国性的造林工程使中国的森林覆盖率从20世纪70年代的12%提高到2021年的24.02%。这些策略旨在增加碳汇，防止水土流失（Moran et al.，2009；Deng et al.，2014）。然而，最近的研究表明，在水资源短缺的干旱半干旱区，大规模造林可能会改变生态系统的蒸散发、渗透和地表径流，可能会对整个生态系统的耗水量产生强烈的影响（Jackson et al.，2005；Cao et al.，2010；Jian et al.，2015）。例如，黄土高原种植高耗水树种，使得黄土高原的产水量下降了30%~50%（Deng et al.，2016）。可见不适宜的造林树种会使土壤水分更加匮缺，从而导致整个生态系统水分严重失衡。因此，不同的气候区域应采取不同的植被恢复策略，了解树木耗水特征及其与气象因子之间的关系，是植被修复和重建过程中首先要解决的问题。

树木蒸腾作用对林地水分平衡和水源涵养功能起着重要作用（Buckley et al.，2012），特别是在半干旱山区以水土保持为目的种植的人工林生态系统（Chang et al.，2014a）。自20世纪80年代"三北"防护林工程实施以来，华北落叶松（*Larix principis-rupprechtii*）作为我国西北半干旱区山地生态系统中被广泛应用于水土保持和绿化的造林树种，它不仅是一种重要的森林资源，而且还发挥着固碳释氧、调节小流域水量平衡等多种重要的生态功能。研究表明，蒸腾作用不仅受树木自身水文特性的影响（Tyree，1988），还受气象因子（Cinnirella et al.，2002）、土壤水分含量（Sperry et al.，2002；Nan et al.，2019）、辐射强度（Kumagai et al.，2007；Shinohara et al.，2013）、树高（Zhang et al.，2018）、植被冠层结构（Pfautsch et al.，2010）等多种因素的影响。然而，由于复杂的地形和山地生态系统环境的特殊性，导致对华北落叶松人工林的蒸腾耗水量的评估存在相当大的不确定性。因此，在制定和维持当地森林生态系统健康和可持续发展的战略时，准确量化树木耗水量，以及对环境因子敏感性和适应性非常重要，对于预测土地利用和气候变化对该区域水资源的影响至关重要。

树干液流（sap flow）与土壤水分和气象因子的关系已被广泛用于研究树木的水分利用策略（Du et al.，2011；Chang et al.，2014b）。热扩散探针监测法是利用 Granier（1987）基于热交换原理设计的监测树木树干液流的传感器，是目前测量树木蒸腾特性最便捷的方法（Meinzer et al.，2004）。该技术不受时间和空间的限制（Link et al.，2014），可以动态地评估整棵树的蒸腾作用和耗水量，揭示其生态和生理学机制（Berry et al.，2017）；该方法已成为野外监测单棵树蒸腾耗水量最可靠的方法之一，在森林水分利用研究中得到了广泛的应用（Wilson et al.，2001；Kumagai et al.，2007；Miniat et al.，2007）。在许多森林生态系统中，用热扩散探针监测法估算的蒸腾量与用波文比（Bowen ratio）和涡动相关法（eddy covariance）估算的蒸腾量基本是一致的（Chang et al.，2014b）。该技术通过监测单棵树的树干液流量扩展了森林蒸腾耗水研究的时空尺度（Berdanier et al.，2016），也为分析林分蒸腾个体差异提供了可靠的方法（Mackay et al.，2002；Ewers et al.，2005；Mitchell et al.，2009）。

树木夜间的树干液流是适应环境变化的重要用水策略，但对其生态意义的研究较少（Marks and Lechowicz，2007；Phillips et al.，2014）。Daley and Phillips（2006）的结果表明，北美白桦（*Betula papyrifera*）夜间耗水量约占树木总耗水量的 10%。他们提出，该策略可能是树木在夜间进行生理储水，便于树木在第二天早上最大限度地进行光合作用，并支持快速生长。Wang 等（2018）利用热扩散探针研究了木荷（*Schima superba*）、红锥（*Castanopsis hystrix*）和火力楠（*Michelia macclurei*）的夜间耗水特性，发现夜间的树干液流量主要用于补充白天蒸腾耗水导致的水分亏缺。其他研究也表明，夜间树干液流可能在维持碳水化合物运输（Marks and Lechowicz，2007）和输送氧气方面发挥着重要作用（Daley and Phillips，2006）。因此，有必要进一步研究西北半干旱区山地生态系统华北落叶松人工林的夜间水分利用策略和机制。

本研究的主要目的：①研究不同时间尺度下西北半干旱区山地生态系统华北落叶松树干液流特性和环境因子之间的关系，如空气湿度（air humidity，AH）、空气温度（air temperature，TA）、饱和水汽压差（vapor pressure deficit，VPD）、光合有效辐射（photosynthetically active radiation，PAR）、土壤含水量（soil water content，SWC）、土壤温度（soil temperature，ST）、风速（wind speed，WS）和降水（precipitation，Pr）等；②通过昼夜蒸腾速率的对比，阐明华北落叶松夜间水分利用的驱动机制；③估算华北落叶松人工林在整个生长季节的林分耗水量。本研究的总体目标是了解华北落叶松的树干液流量，并探究其白天和夜间耗水的驱动机制。研究结果可为西北半干旱区山地森林生态系统的造林树种的选择、水资源管理和造林措施的实施提供更全面的数据资料。

2.2 材料和方法

2.2.1 研究地概况

本研究是在兰州大学甘肃省榆中山地生态系统野外科学观测研究站进行的（104°1′3.07″E，35°44′20.12″N，海拔2778m）。研究区位于中国甘肃省兰州市榆中县，地处青藏高原、黄土高原和内蒙古高原的交会处，属于祁连山的东延余脉，其地貌特征是小流域内的山间峡谷。研究区属旱区大陆性季风气候。年平均气温约5℃，年降水量400~600mm，降水频率不均匀，主要集中在7~9月。样地信息详见表2-1。

表2-1 华北落叶松人工林生态系统研究地基本信息

森林生态系统类型	华北落叶松
位置信息	
坐标	35°44′20.12″N，104°1′3.07″E
海拔(m)	2804.4
气候因子	
年降水量(mm)	400~600
年平均气温(℃)	5.0
年潜在蒸发量(mm)	1096~1520
年均相对湿度(%)	62.34
年均日照时数(h)	2569.4
植被信息	
林分平均密度(棵/hm²)	608
冠层平均高度(m)	15
平均胸径(cm)	17.85
林下植被平均盖度(%)	40
枯落物平均厚度(cm)	12
叶面积指数(LAI)	3.49

2.2.2 华北落叶松人工林林分特征

在20世纪80年代末,人工种植了大面积的华北落叶松,已经生长30多年,土壤有机质含量较高。本研究选择了3个样地(25m×25m),测量了每个样方内每棵树的树高和胸径,并调查了林下植被的生物多样性和枯落物厚度。灌木植被主要由陕甘花楸(*Sorbus koeheana*)、甘肃小檗(*Berberis kansuensis*)、扁刺蔷薇(*Rosa sweginzowii*)、峨眉蔷薇(*Rosa omeiensis*)、水栒子(*Cotoneaster multiflorus*)、高山绣线菊(*Spiraea alpina*)和刚毛忍冬(*Lonicera hispida*)等组成;草本层主要由细叶薹草(*Carex rigescens*)、东方草莓(*Fragaria orientalis*)、高乌头(*Aconitum sinomontanum*)和二裂委陵菜(*Potentilla bifurca*)等组成。

2.2.3 树干液流监测方法

本研究采用热扩散探针(the thermal dissipation probe,TDP)(Dynamax SapIP,USA)监测技术,于2017年11月至2018年10月对不同胸径的6棵树进行了树干液流监测,监测部位位于胸径处形成层15mm以下,被选树干液流监测的每棵树的测量信息见表2-2。数据采集器每30分钟测量一次树干液流,每天每个传感器采集48个数据。考虑到树干方位变化对树干液流的影响,探头统一放置在树干的东侧(Shinohara et al.,2013)。在安装传感器之前,先去掉树干上死亡的周皮,并在树干表面垂直钻孔。然后在传感器上覆盖一层反光保温铝膜,并用塑料布包裹,以防止阳光和雨水的损坏。研究发现,2018年4月29日开始,华北落叶松的树干液流开始明显上升,到10月3日开始下降(2018年4月29日之前和10月15日之后为负值或零),这一规律与本研究地华北落叶松的物候特征一致。因此,本研究的监测是从4月29日开始,10月15日结束。

表2-2 用于监测的6棵华北落叶松树干液流监测传感器类型及树木特性信息

树木序列号	传感器类型	胸径(cm)	边材面积(cm²)	树高(m)
1	TDP30	15.60	71.65	15.2
2	TDP30	14.64	62.30	13.5
3	TDP30	12.89	46.73	14.8
4	TDP30	11.94	39.10	13.0
5	TDP30	13.37	50.77	14.0
6	TDP30	13.62	52.99	13.8

2.2.4　环境因子监测方法

整个研究过程都进行了气象数据的监测，所有的气象仪器设备都安装在24m高的气象—通量塔上。空气温度和相对湿度用空气温湿度传感器（HMP155A，Vaisala，USA）在气象—通量塔16m高处连续监测，土壤温度和相对湿度用土壤温湿度传感器（GS3，Decagon，USA）在20cm和40cm深度层连续监测，风向风速用风向风速计（ATMOS22，Decagon，USA）在气象—通量塔16m处监测，光合有效辐射用辐射计（LI-190R，LI-COR，USA）在气象—通量塔16m处连续监测，降雨用雨量筒（RM Young，52202，USA）在气象—通量塔16m处连续监测，所有气象数据用CR6数据采集器每1分钟采集一次，每10分钟取平均值记录一次（Campbell Scientific Inc.，Logan，Utah，USA）。饱和水汽压差（the vapor pressure deficit，VPD，kPa）用平均气温（air temperature，TA,℃）和空气湿度（air relative humidity，AH,%）根据以下公式计算（Yang et al.，2015）：

$$VPD = 0.611 \times \exp\left(\frac{17.502 \times TA}{TA+240.97}\right) \times (1-AH) \tag{2-1}$$

2.2.5　边材面积和树干液流量估算方法

本研究用6棵监测树干液流的树和另外6棵分布在研究区域的未监测树干液流的树木边材和胸径的数据来拟合胸径（diameter at breast height，DBH）和边材面积（sapwood area，SA）的关系。假设树干的横截面都是圆形的，通过区分树干边材和心材的边界，即可计算胸径处树木的心材和边材面积，最后利用树木胸径和边材面积的函数关系计算所有树木的边材面积。每棵树用0.5cm的年轮生长锥在胸径处提取年轮，固定在年轮槽中，用游标卡尺测量边材面积（精确至0.01mm）。华北落叶松的边材和心材边界比较容易区分（图2-1），可以根据树轮的颜色差异来识别边材和心材的边界。研究表明，华北落叶松的胸径和边材面积不符合线性关系（Zhang et al.，2015；Liu et al.，2017）。我们根据12棵树的实测数据，建立了胸径与边材面积之间的幂函数关系（图2-2）。

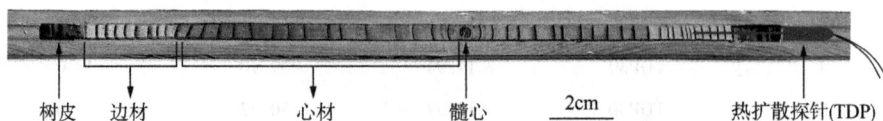

树皮　边材　　心材　　髓心　　2cm　　热扩散探针(TDP)

图2-1　华北落叶松年轮

$$SA = a \times DBH^b \qquad (2-2)$$

式中：a 和 b 为拟合函数的系数。

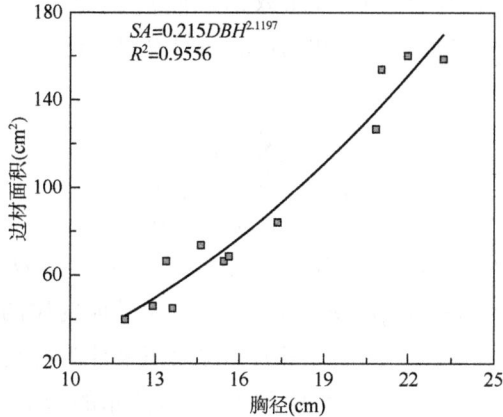

图 2-2　胸径(DBH)与边材面积(SA)之间的幂函数关系

根据经验校准方程(Granier，1985；1987)，通过两个探针之间的温差(ΔT)来计算树干液流流速(sap flux velocity，F_v)：

$$F_v = 0.0199 \times \left(\frac{\Delta T_m - \Delta T}{\Delta T} \right)^{1.231} \qquad (2-3)$$

式中：F_v 是树干液流流速(cm/s)；ΔT_m 是木质部液流速度接近于 0 时加热探头与非加热探头之间的最大温度差(℃)。当木质部有液流流动时，被加热的探针产生的部分热量被树干液流所带走，因此，ΔT 随着 F_v 的增加而减小。在晚上树干液流停止时，ΔT 就会达到 ΔT_m(Peng et al.，2015)。

假设树干液流速度在边材上是一致的。因此，可以利用边材面积 SA 和 F_v 按照如下公式来计算每小时每棵树的树干液流量(F_d)(g/h)(Granier，1985；1987)：

$$F_d = SA \times F_v \times 3600 \qquad (2-4)$$

单棵树的蒸腾量(T)(kg/d 或 kg/h)可以通过树干液流量(F_d)和时间(t)的乘积来计算：

$$T = \sum (F_d \times SA \times t) \qquad (2-5)$$

整棵树一年的耗水量(Q)可以通过每日的蒸腾量(T)来计算：

$$Q = \sum_{i=1}^{n} T_i \qquad (2-6)$$

式中：i 为在整个生长季节的天数；Q 为总耗水量(kg/a)，白天和夜晚的时间长度根据当地的日出和日落时间来确定。

在时空尺度上，林地耗水量是从单棵树的监测结果，通过尺度扩展的方式上推到整个林地，从 30 分钟的监测数据扩展到整个生长季节。林地耗水量（stand water use，SWU）通过边材和胸径的回归模型计算，计算公式如下（Krauss et al.，2015）：

$$SWU = \frac{\sum\limits_{i=1}^{n} Q_i}{A} \times \frac{1}{\rho} \tag{2-7}$$

式中：i 为林地内的单棵树（如 $i=1$ 对应第一棵树）；Q 为整棵树一年的耗水量（kg/a）；ρ 为水的密度（$\rho=998kg/m^3$）；n 为样地内树的个数；A 为样地的面积（m^2）。在一片林地内，耗水量根据单位面积来计算得到，并且林地耗水量（SWU）的单位为 kg/m^2，因此，也就等同于大气降水的毫米数。

2.2.6　数据分析与统计方法

采用幂函数曲线回归的方法来确定边材与胸径之间的关系。由于天气和实验仪器的故障，本研究丢失了少量数据（7 月 25 日至 8 月 8 日），为了估算整棵树年耗水量，根据收集到的树干液流数据和环境因子数据，通过逐步回归分析，建立树干液流和环境因子之间的多元线性回归模型，并对缺失的数据进行了插补（Liu et al.，2017）。利用皮尔逊相关（Pearson correlation）分析方法，分析了气象因子、土壤水分和树干液流量之间的关系，用线性回归的方法研究了白天和夜间耗水量之间的关系。所有统计分析均使用 SPSS 22.0 进行（SPSS Inc. an IBM Company，Chicago，IL，USA），所有曲线及图形均使用 Origin 2018 软件绘制（Origin Lab Inc.，Northampton，MA，USA）。

2.3　研究结果

2.3.1　胸径与边材面积的关系

结果表明，华北落叶松的胸径（DBH）和边材面积（SA）呈幂函数关系（$SA=0.215 \times DBH^{2.1197}$），边材面积随着胸径的增加而增加（$R^2=0.9556$），如图 2-2 所示。

2.3.2　树干液流与气象因子的日变化规律

在本研究中，不同月份每天的树干液流开始上升的时间存在差异，但树干液流特征基本相似。因此，我们选择 7 月作为一个典型的时间段，研究了华北落叶松在不同的天气状况下树干液流的日变化规律，一个雨天(7月10日)和接下来的两个晴天(7月11日和12日)。从图2-3中可以看出，华北落叶松的树干液流的日变化过程表现出明显的昼夜变化规律，并且树干液流在晴天和雨天受环境因素影响较大(如光合有效辐射、饱和水汽压差、降水等)。树干液流在晴天的日变化规律表现出典型的单峰型曲线，树干液流在早上(大约8:00)随着光合有效辐射的增加同步开始，在中午12:00~14:00达到峰值，然后开始下降，直到晚上23:00左右回到最小值，在雨天树干液流变化比较微弱。值得注意的是，在晴天的午后，华北落叶松树干液流与光合有效辐射相比有明显的延迟现象(延迟2~4个小时)。此外，气象因子也表现出明显的日变化规律，光合有效辐射在12:00~14:00之间达到最高值，气温与饱和水汽压差呈相似的变化趋势，降水后土壤含水量先增大后逐渐减小。

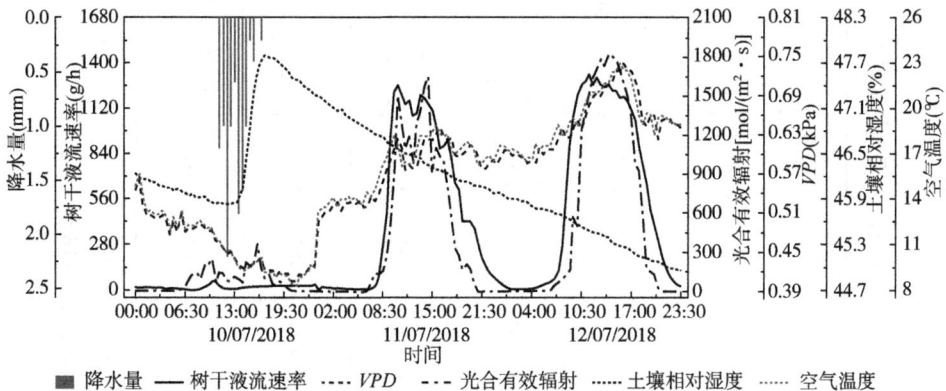

图2-3　树干液流速度和主要环境因子的日变化规律

研究表明，可以用气象因子数据和树干液流的关系来估算树木的蒸腾耗水量(Chang et al.，2014b)。考虑到环境变量、树木个体特征和树干液流昼夜差异的综合影响，本研究通过逐步回归的方法，建立了6棵所监测树木在白天和夜间的蒸腾耗水速率(T_h)与光合有效辐射(PAR)、饱和水汽压差(VPD)、土壤温度(ST)、土壤含水量(SWC)、空气温度(TA)、风速(WS)、大气降水(Pr)之间的多元线性回归函数(表2-3)。研究结果表明，影响白天和夜间蒸腾耗水速率的主要气象因子不同。影响白天蒸腾耗水速率的主要气象因子有光合有效辐射、风速、土壤温度、饱和水汽压差、土壤含水量和大气降水，影响夜间蒸腾耗水速率的因子主要是风速、土壤温度、饱和水汽压差、土壤含水量和大气降水。

表2-3 6棵所监测树木蒸腾速率（T_h）与主要气象因子之间的多元线性回归方程

树木序号	白天	R^2	n	Sig	夜间	R^2	n	Sig
1	$T_h = 456.45 + 0.28PAR - 14.86ST + 27.12WS - 707.34SWC - 31.44Pr$	0.76	4262	0.00	$T_h = -44.13 + 1.10ST + 99.03SWC + 0.97WS + 7.36VPD + 1.07Pr$	0.81	3164	0.00
2	$T_h = 398.10 + 0.29PAR - 14.89ST + 29.27WS - 41.99Pr - 518.16SWC - 27.10VPD$	0.85	4262	0.00	$T_h = -192.90 + 16.37Pr + 369.25SWC + 3.34ST + 9.99VPD$	0.90	3163	0.00
3	$T_h = 256.78 + 0.17PAR - 11.04ST + 18.20WS + 53.95VPD - 367.87SWC - 25.42Pr$	0.81	4262	0.00	$T_h = -79.94 - 1.10TA + 1.42Pr + 87.03AH + 66.43VPD + 32.07SWC$	0.85	3163	0.00
4	$T_h = -70.22 + 0.15PAR + 21.13WS + 80.40VPD - 2.80ST + 191.34SWC - 15.60Pr$	0.83	4262	0.00	$T_h = -212.88 + 449.46SWC + 3.85ST + 2.63Pr$	0.86	3163	0.00
5	$T_h = 306.53 + 0.14PAR - 11.71ST + 20.45WS - 450.59SWC + 35.71VPD - 25.20Pr$	0.82	4262	0.00	$T_h = 49.38 + 1.77WS + 23.45VPD - 102.76SWC - 0.81ST$	0.82	3163	0.00
6	$T_h = 264.67 + 0.20PAR - 9.67ST + 18.48WS - 441.76SWC + 37.45VPD - 13.14Pr$	0.81	4262	0.00	$T_h = -25.22 + 79.76SWC + 0.56ST - 9.36VPD + 0.57Pr$	0.87	3163	0.00

注：T_h 为树木每小时蒸腾量（kg/h）；PAR 为光合有效辐射[mol/(m²·s)]；VPD 为饱和水汽压差（kPa）；ST 为土壤温度（℃）；SWC 为土壤含水量（%）；WS 为风速（m/s）；Pr 为大气降水（mm）；n 为参与多元线性回归模型的数据。

2.3.3　白天和夜间耗水量之间的关系

不同月份白天蒸腾耗水量和夜间耗水量，以及夜间耗水量占白天耗水量的百分比见图2-4。研究表明，在不同月份的白天蒸腾耗水量不同，而夜间蒸腾耗水量基本无显著差异（图2-4A）。华北落叶松在夜间蒸腾耗水量占白天蒸腾耗水量的百分比为2%～13%（5月和10月最高，9月次之，6～8月最低）（图2-4B）。

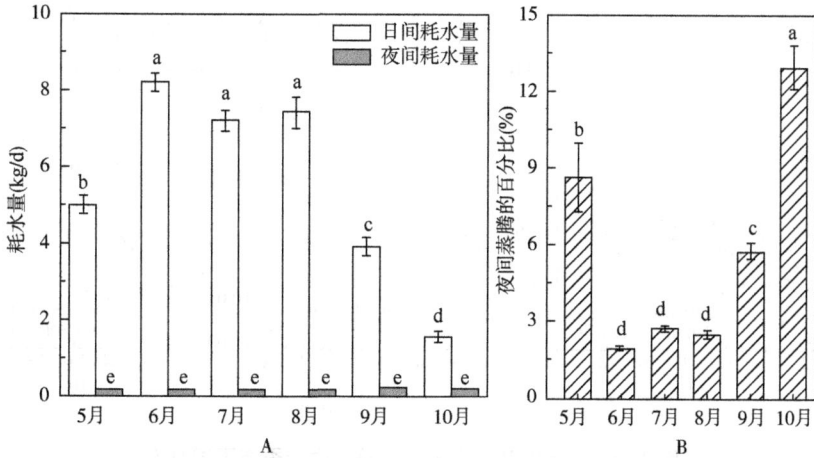

图2-4　不同月份的白天耗水量和夜间耗水量占总耗水量的百分比

注：不同小写字母表示在0.05水平有显著性（$P<0.05$）。

为了评价华北落叶松人工林的水分利用策略，本研究建立了白天耗水量与晚上耗水量之间的回归模型（图2-5）。研究发现，在6～10月白天耗水量与夜间耗水量之间呈现显著的正相关关系（$P<0.05$），而5月白天耗水量与夜间耗水量之间无明显相关性（$P>0.05$）。此外，耗水量也有明显的季节性变化，从5月开始逐渐增加，9月开始逐渐减少。

2.3.4　蒸腾耗水量和气象因子之间的季节变化规律

图2-6展示了在整个生长期，华北落叶松人工林日蒸腾量与气象因子的季节变化规律。日蒸腾量从4月29日开始增加，6月达到最高，超过了14kg/d，9月开始减少（图2-6A）。从图2-6A还可以发现5月28日至10月3日光合有效辐射的变化对日蒸腾量（T）有强烈的影响，而4月29日至5月28日光合有效辐射（PAR_d）的变化对日蒸腾量的影响相对较小，此阶段正处于华北落叶松的萌

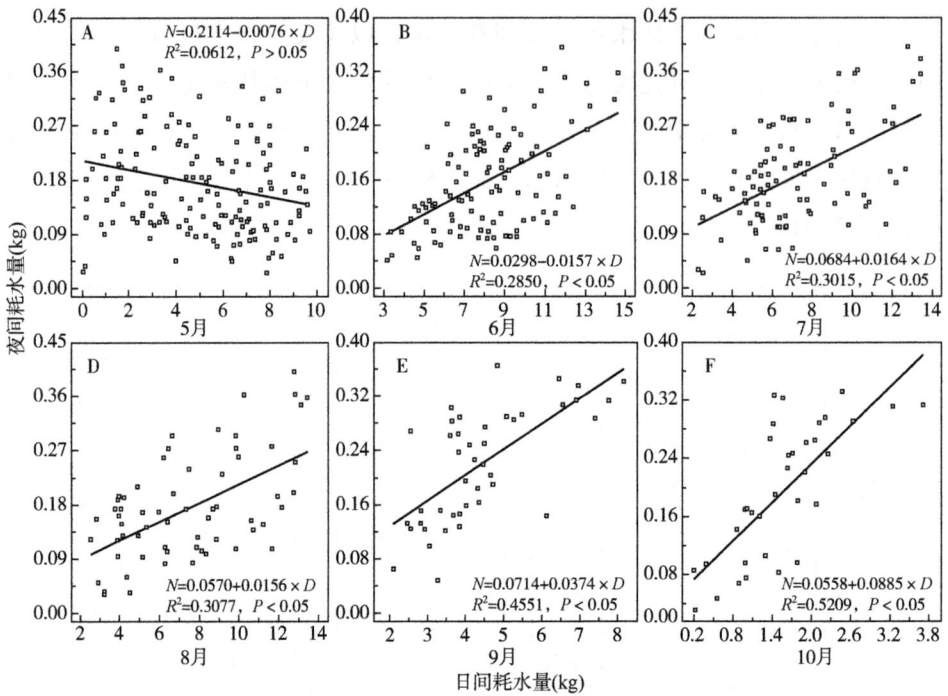

图 2-5　华北落叶松人工林在整个生长季节不同月份
白天耗水量与夜间耗水量的关系

芽阶段。此外，日降水量在整个生长季对日蒸腾量均有负面的影响（图 2-6A），
而土壤含水量随着日总降水量的增加而增加（图 2-6B）。土壤温度从 5 月 28 日
开始上升，8 月 12 日达到 10℃以上的最高值，然后开始下降。饱和水汽压差与
土壤温度表现出相似的季节变化规律（图 2-6B）。此外，通过本研究结果还可
以发现在 4 月 29 日到 5 月 28 日间，由于华北落叶松处于萌发阶段，较低的冠
层密度导致了饱和水汽压差、土壤温度和土壤含水量发生了显著变化（图 2-
6B）。

　　为了更好地揭示华北落叶松人工林日蒸腾耗水量与气象因子在不同时间尺
度上的关系，通过皮尔逊相关分析研究了不同时间尺度下光合有效辐射、饱和
水汽压差、空气温度、土壤温度、空气湿度、土壤含水量、风速、大气降水和
日蒸腾耗水量之间的关系（表 2-4）。在日尺度上，华北落叶松白天的蒸腾耗水
量与光合有效辐射、空气温度、空气湿度、风速和饱和水汽压差呈显著正相关

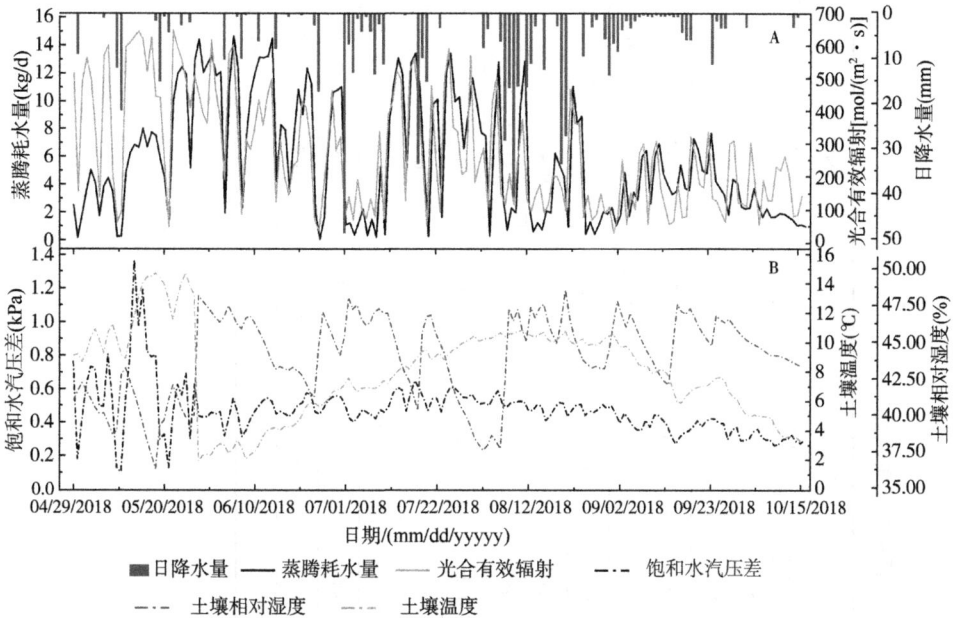

图2-6 日蒸腾量(T)与环境因子的季节变化规律

关系($P<0.05$)，但与夜间的蒸腾耗水量无显著相关性($P>0.05$)；值得注意的是，在7月和8月白天的蒸腾耗水量与土壤含水量呈显著负相关关系($P<0.05$)。在月尺度上，蒸腾耗水量与光合有效辐射、饱和水汽压差、空气温度、风速呈显著正相关关系，相关系数分别为$R=0.74$、0.39、0.56和0.54($P<0.01$)，与空气湿度、土壤温度和土壤含水量的相关性不显著($P>0.05$)，但与大气降水呈显著的负相关关系($R=-0.31$)($P<0.01$)。可见，在不同的时间尺度上，影响蒸腾耗水量的气象因子不同。

2.3.5 林地耗水量估算

在本研究中，通过华北落叶松人工林3个样地所测量的胸径信息，结合胸径与边材面积之间的指数曲线关系，对所监测的每棵树进行了年耗水量的估算，并扩展到整个林地耗水量(SWU)。研究结果表明，华北落叶松人工林林地年耗水量约为151.05mm，占整个生长季降水量的24.84%。

表 2-4 日蒸腾耗水量与昼夜气象因子的相关系数

时间尺度		空气湿度 (AH)	空气温度 (TA)	饱和水汽压差 (VPD)	光合有效辐射 (PAR)	土壤含水量 (SWC)	土壤温度 (ST)	风速 (WS)	大气降水 (Pr)
5月	白天	-0.27	0.44*	0.27	0.52**	0.42	-0.23	0.54**	-0.43*
	夜晚	-0.36	0.01	0.29	0.08	-0.02	0.05	0.27	-0.36*
6月	白天	0.57**	0.57**	0.57**	0.86**	0.12	-0.21	0.68**	-0.60**
	夜晚	0.20	0.20	0.20	0.36	0.02	-0.22	0.40*	-0.50**
7月	白天	0.88**	0.88**	0.88**	0.92**	-0.58**	0.28	0.66**	-0.38*
	夜晚	0.12	0.12	0.12	0.03	-0.22	0.28	0.43*	-0.05
8月	白天	0.67**	0.67**	0.68**	0.92**	-0.40**	0.04	0.51**	-0.32
	夜晚	-0.02	-0.02	-0.02	0.26	0.23	-0.01	-0.14	-0.04
9月	白天	0.81**	0.81**	0.82**	0.73**	-0.24	0.28	0.61**	-0.14
	夜晚	-0.12	-0.12	-0.13	-0.21	-0.09	-0.36	0.09	-0.04
10月	白天	0.70**	0.70**	0.71**	0.91**	0.22	0.01	0.74**	-0.35
	夜晚	0.36	0.36	0.36	0.12	0.16	0.10	0.22	0.16
整个生长季节		0.14	0.56**	0.39**	0.74**	-0.10	-0.11	0.54**	-0.31**

注: $**$ 表示 $P<0.01$, $*$ 表示 $P<0.05$。

2.4　讨　论

2.4.1　华北落叶松树干液流与气象因子之间的关系

树干液流的变化是树木满足蒸腾需求的一种水分传输方式，树干液流的流速与树木蒸腾耗水量直接相关（Peng et al.，2015）。研究表明，白天影响树干液流速度的主要环境因子是光合有效辐射、饱和水汽压差和空气温度（Du et al.，2011；Chang et al.，2014b；Wieser et al.，2015；Tian et al.，2018），而影响夜间树干液流速度的主要因素是饱和水汽压差、风速和树木自身特性（Zeppel et al.，2010；Rosado et al.，2012；Wang et al.，2012）。本结果表明，光合有效辐射、空气温度、空气湿度、饱和水汽压差和风速是影响白天树干液流的最显著的环境因子，而对夜间树干液流的影响不显著。主要原因是饱和水汽压差、空气温度和空气湿度从早上开始随光合有效辐射的增加而增加，导致植物叶片—空气边界水势差增大，使得蒸腾作用和树干液流开始流动（Lei et al.，2010）。此外，风改变了冠层内外的空气状态，导致饱和水汽压差也随之改变，进而引起了叶片蒸腾作用的变化（Wang et al.，2018）。多项研究表明，树干液流与气温呈正相关关系（Walter et al.，2015；Chang et al.，2014b；Liu et al.，2017），这与我们的研究结果一致。我们的结果也与前人对柠条锦鸡儿（*Caragana korrhinskii*）（Xia et al.，2008）和旱柳（*Salix matsudana*）（Yin et al.，2014）的研究结果一致。另外，本研究的数据显示，晴天的树干液流量远远大于雨天的树干液流量，可见降水对本研究区域华北落叶松的树干液流的影响最大。其原因主要是降水不仅通过显著降低光合有效辐射和饱和水汽压差来影响蒸腾作用，而且显著增加了空气湿度，从而降低了树木的水分胁迫（Devine et al.，2011；King et al.，2013）。

我们还发现，在整个生长季，日蒸腾量与日间光合有效辐射、空气温度、饱和水汽压差、风速呈显著正相关关系，与日降水量呈显著负相关关系，且环境因子对树干液流速率影响的大小顺序为空气温度>风速>饱和水汽压差，降水量与树干液流呈显著负相关关系。5月华北落叶松白天和夜间耗水量之间没有显著相关关系，其原因可能是树木在生长季节开始时，大部分的水用于快速生长和合成有机化合物。Phillips等（2014）的研究也表明，新生长叶片比例高且处于快速生长阶段，就会导致夜间耗水量的增加。这种现象已经在松属（*Pinus*）

（Grulke et al.，2004）植物和桉属（*Eucalyptus*）（Phillips et al.，2014）植物中被发现。此外，华北落叶松在整个生长季节都没有出现明显的"光合午休"现象，并且在6~10月，树干液流与光合有效辐射相比表现出明显的滞后现象。我们还发现华北落叶松每月耗水量也有明显的变化，从5~7月都是逐渐增加的趋势，从9月开始逐渐减少。7、8月频繁的降水是导致土壤含水量与日蒸腾量呈负相关关系的主要原因。本研究结果与麻栎（*Quercus acutissima*）和杉木（*Cunninghamia lanceolate*）（Liu et al.，2017）、木荷（*Schima superba*）、红锥栲（*Castanopsis hystrix*）和火力楠（*Michelia macclurei*）（Wang et al.，2018）等植物的研究结果相似。

2.4.2　夜间耗水的生态学意义

之前的研究表明，影响植物树干液流的因素在白天和夜间是不同的。虽然夜间耗水量可能只占每日耗水量的5%~7%（Phillips et al.，2010），植物夜间耗水可以使植物能更好地适应不同的环境（Wang et al.，2018）。而且树干液流的滞后性可能与茎部蓄水密切相关（Köcher et al.，2013），树干液流的延迟现象说明树干茎部储存的水分可能用于第二天早晨的蒸腾作用（Scholz et al.，2008），或者是为了补充前一天蒸腾作用导致的水分亏缺（Wang et al.，2018）。本研究结果表明，除了5月，在6~10月华北落叶松树干液流速度与光合有效辐射相比都有明显的滞后现象，并且夜间的耗水量随着白天耗水量的增加而增加，二者之间存在显著的正相关关系（图2-5B至图2-5F）。根据水分平衡原理，白天的蒸腾作用导致树木水分亏缺，根系吸收大量水分进行蒸腾作用来缓解植物由于光合作用导致的水分胁迫（Tian et al.，2018）。

此外，如果饱和水汽压差和风速不能解释夜间耗水量的变化，则认为夜间耗水主要是为了补充树木蒸腾作用导致的水分亏缺（Benyon，1999；Daley and Phillips，2006）。因此，通过分析树干液流与饱和水汽压差和风速的相关性，可以确定夜间耗水主要是用于夜间蒸腾，而且还是为了补充由于白天蒸腾作用导致的水分亏缺。本研究结果表明，饱和水汽压差与夜间耗水无相关性，风速与夜间耗水也无相关性（6、7月除外）。这一研究结果支持了华北落叶松夜间的树干液流主要用于缓解蒸腾作用导致的树木水分亏缺的观点。此外，本研究结果表明，在5月，华北落叶松的夜间耗水量占日蒸腾量的8.66%，并且夜间耗水量和白天耗水量之间没有显著相关性。这一研究结果也支持了植物在萌发和快速生长阶段夜间耗水较多的观点（Daley and Phillips，2006；Wang et al.，2018）。

2.4.3 林分年耗水量的估算

将单棵树的树干液流扩展到整个林分的蒸腾耗水量的方法已被广泛用于估算林地耗水量(Peng et al., 2015; Zhang et al., 2015; Pfautsch et al., 2010),如针叶林(Noormets et al., 2010; Moon et al., 2015)、竹林(Yang et al., 2015)和阔叶林(Krauss et al., 2015; Jiao et al., 2016)。根据整棵树一年的耗水量和边材面积之间的关系,可以将单棵树一年的耗水量转换成林地一年的耗水量(Zeppel et al., 2010; Zhang et al., 2015)。结合样地信息及树干液流监测数据,本研究估算了整个林地在整个生长季节的耗水量。研究结果表明,华北落叶松人工林的日平均蒸腾消耗量约为 0.89mm,林分年耗水量约为 151.05mm,我们的研究结果低于前人的研究(Wullschleger et al., 2001; Schiller et al., 2007; Ouyang et al., 2018),其主要原因是本研究区域环境因子的差异导致的。任启文等(2018)报道了河北省华北落叶松在整个生长季节内单棵树的耗水量约为(2145±379.30)kg/a,该研究结果也高于本研究的结果。通过对比影响华北落叶松人工林耗水量的气象因子和树木特征,我们发现,本研究区域的平均温度比任启文等(2018)的研究低(本研究区的平均温度只有 16.6℃)。因此,相对较低的温度是导致本研究整个生长季节内华北落叶松人工林林分耗水量低的原因,这也进一步解释了本研究华北落叶松在整个生长季节都没有明显的"光合午休"现象的原因。

此外,忽略整个边材截面的方位角和径向变化的差异可能会导致估算林地耗水量时出现一些误差(Van et al., 2015; Zhao et al., 2018)。因此,为了更好地了解山地生态系统中华北落叶松人工林的水通量,未来有必要将树干液流监测与涡动相关法相结合来评估林地耗水量对蒸散发的贡献,将为该地区的人工造林树种的选择和植被管理策略提供科学依据。

2.5 小 结

本研究对西北半干旱区山地生态系统的华北落叶松人工林的耗水特征和气象响应进行了定量研究。结果表明,在日尺度上,光合有效辐射、空气温度、空气湿度、饱和水汽压差和风速与白天耗水量有显著正相关关系,而与夜间耗水量无显著相关;在月尺度上,光合有效辐射、空气温度、风速和饱和水汽压差与林分耗水量呈显著正相关关系,大气降水与日蒸腾量呈显著负相关关系。

在 6~10 月，为缓解水分胁迫，华北落叶松人工林白天耗水量与夜间耗水量之间存在显著的正相关关系，且与光合有效辐射相比具有明显的滞后现象。然而，在 5 月的快速生长期，白天和夜间的耗水量之间没有显著的相关性。此外，由于榆中山地生态系统的气温较低、海拔较高，林地的年耗水量只有 151.05mm 左右，并且整个生长季节树木都没有明显的"光合午休"现象，可作为西北半干旱区的一种相对节水的造林树种。综上所述，研究结果为西北半干旱区华北落叶松人工林的蒸腾耗水提供了科学依据，对西北半干旱区山地生态系统的生态植被建设与管理具有一定的参考价值。

参考文献

任启文，忻富宁，李联地，等，2018. 冀北山地华北落叶松全生长季树干液流及蒸腾耗水特征[J]. 中南林业科技大学学报，38(5)：91-97.

BENYON R G，1999. Nighttime water use in an irrigated *Eucalyptus grandis* plantation[J]. Tree physiol，19：853-859.

BERDANIER A B, MINIAT C F, CLARK J S, 2016. Predictive models for radial sap flux variation in coniferous, diffuse-porous and ring-porous temperate trees [J]. Tree physiol, 36：932-941.

BERRY Z C, LOOKER N, HOLWERDA F, et al., 2018. Why size matters：the interactive influences of tree diameter distribution and sap flow parameters on up-scaled transpiration[J]. Tree physiol, 38(2)：263-275.

BUCKLEY T N, TURNBULL T L, ADAMS M A, 2012. Simple models for stomatal conductance derived from a process model：cross-validation against sap flux data [J]. Plant Cell Environ, 35：1647-1662.

CAO S X, WANG G S, CHEN L, 2010. Questionable value of planting thirsty trees in dry regions[J]. Nature, 465：7294.

CHANG X X, ZHAO W Z, HE Z B, 2014b. Radial pattern of sap flow and response to microclimate and soil moisture in Qinghai spruce (*Picea crassifolia*) in the upper Heihe River Basin of arid northwestern China [J]. Agric. For. Meteorol, 187：14-21.

CHANG X X, ZHAO W Z, LIU H, et al., 2014a. Qinghai spruce (*Picea* crassifolia) forest transpiration and canopy conductance in the upper Heihe river basin of arid northwestern china[J]. Agric. For. Meteorol, 198-199: 209-220.

CHEN C, PARK T, WANG X, et al. , 2019. China and India lead in greening of the world through land-use management[J]. Nature Sustainability, 2: 122.

CINNIRELLA S, MAGNANI F, SARACINO A, et al. , 2002. Response of a mature *Pinus laricio* plantation to a three-year restriction of water supply: structural and functional acclimation to drought[J]. Tree physiol, 22: 21-30.

DALEY M J, PHILLIPS N G, 2006. Interspecific variation in nighttime transpiration and stomatal conductance in a mixed New England deciduous forest [J]. Tree physiol, 26: 411-419.

DENG L, LIU G B, SHANGGUAN Z P, 2014. Land-use conversion and changing soil carbon stocks in China's Grain-for-Green Program: a synthesis[J]. Glob. Change Biol, 20: 3544-3556.

DENG L, YAN W M, ZHANG Y W, et al. , 2016. Severe depletion of soil moisture following land-use changes for ecological restoration: Evidence from northern China [J]. Forest Ecol. Manage, 366: 1-10.

DEVINE W D, HARRINGTON C A, 2011. Factors affecting diurnal stem contraction in young Douglas-fir[J]. Agric. For. Meteorol, 151: 414-419.

DU S, WANG Y L, KUME T, et al. , 2011. Sapflow characteristics and climatic responses in three forest species in the semiarid Loess Plateau region of China [J]. Agric. For. Meteorol, 151: 0-10.

EWERS B E, GOWER S T, BOND-LAMBERTY B, et al. , 2005. Effects of stand age and tree species on canopy transpiration and average stomatal conductance of boreal forests[J]. Plant Cell Environ, 28: 660-678.

GRANIER A, 1985. Une nouvelle éthode pour la mesure du flux de sève brute dans le tronc des arbres[J]. Ann. Sci. For, 42: 193-200.

GRANIER A, 1987 Evaluation of transpiration in a Douglas-fir stand by means of sap flow measurements[J]. Tree physiol, 3: 309-320.

GRULKE N, ALONSO R, NGUYEN T, et al. , 2004. Stomata open at night in pole-sized and mature ponderosa pine: implications for O_3 exposure metrics [J]. Tree physiol, 24: 1001-1010.

JACKSON B J, JOBBAGY E G, AVISSAR R, et al., 2005. Trading water for carbon with biological carbon sequestration[J]. Science, 310: 1944-1947.

JIAN S Q, ZHAO C Y, FANG S M, et al., 2015. Effects of different vegetation restoration on soil water storage and water balance in the Chinese Loess Plateau [J]. Agric. For. Meteorol, 206: 85-96.

JIAO L, LU N, FU B J, et al., 2016. Comparison of transpiration between different aged black locust (Robinia pseudoacacia) trees on the semi-arid Loess Plateau, China[J]. Journal of Arid Land, 8: 604-617.

KING G M, FONTI P, NIEVERGELT D, et al., 2013. Climatic drivers of hourly to yearly tree radius variations along a 6℃ natural warming gradient [J]. Agric. For. Meteorol, 168: 36-46.

KRAUSS K W, BARR J G, ENGEL V, et al., 2015. Approximations of stand water use versus evapotranspiration from three mangrove forests in southwest Florida, USA [J]. Forest Ecol. Manage, 213: 291-303.

KUMAGAI T O, AOKI S, SHIMIZU T, et al., 2007. Sap flow estimates of stand transpiration at two slope positions in a Japanese cedar forest watershed[J]. Tree Physiol, 27: 161-168.

KÖCHER P, HORNA V, LEUSCHNER C, 2013. Stem water storage in five coexisting temperate broad-leaved tree species: significance, temporal dynamics and dependence on tree functional traits[J]. Tree Physiol, 33: 817-832.

LEI H, ZHANG Z S, LI X R, 2010. Sap flow of Artemisia ordosica and the influence of environmental factors in a revegetated desert area: Tengger Desert, China [J]. Hydrol Process, 24: 1248-1253.

LINK P, SIMONIN K A, MANESS H, et al., 2014. Species differences in the seasonality of evergreen tree transpiration in a Mediterranean climate: Analysis of multiyear, half-hourly sap flow observations[J]. Water Resour Res, 50: 1869-1894.

LIU X, ZHANG B, ZHUANG J Y, et al., 2017. The relationship between sap flow density and environmental factors in the Yangtze River delta region of China [J]. Forests, 8: 2-17.

MACKAY D S, AHL D E, EWERS B E, et al., 2002. Effects of aggregated classifications of forest composition on estimates of evapotranspiration in a northern Wisconsin forest[J]. Glob. Change Biol. , 8: 1253-1265.

MARKS C O, LECHOWICZ M J, 2007. The ecological and functional correlates of nocturnal transpiration[J]. Tree Physiol, 27: 577-584.

MEINZER F C, JAMES S A, GOLDSTEIN G, 2004. Dynamics of transpiration, sap flow and use of stored water in tropical forest canopy trees[J]. Tree physiol, 24: 901-909.

MINIAT C F, HUBBARD R, KLOEPPEL B, et al. , 2007. A comparison of sap flux - based evapotranspiration estimates with catchment - scale water balance [J]. Agric. For. Meteorol, 145: 176-185.

MITCHELL P J, VENEKLAAS E, LAMBERS H, et al. , 2009. Partitioning of e-vapotranspiration in a semi - arid eucalypt woodland in south - western Australia [J]. Agric. For. Meteorol, 149: 25-37.

MOON M, KIM T, PARK J, et al. , 2015. Variation in sap flux density and its effect on stand transpiration estimates of Korean pine stands[J]. J. Forest Res, 20: 85-93.

MORAN M S, SCOTT R L, KEEFER T O, et al. , 2009. Partitioning evapotranspi-ration in semiarid grassland and shrubland ecosystems using time series of soil surface temperature[J]. Agric. For. Meteorol, 149: 59-72.

NAN G W, WANG N, JIAO L, et al. , 2019. A new exploration for accurately quantifying the effect of afforestation on soil moisture: A case study of artificial *Robinia pseudoacacia* in the Loess Plateau (China) [J]. Forest Ecol. Manage, 433: 459-466.

NOORMETS A, GAVAZZI M J, MCNULTY S G, et al. , 2010. Response of carbon fluxes to drought in a coastal plain loblolly pine forest[J]. Glob. Change Biol. 16: 272-287.

OKIN G S, GILLETTE D A, HERRICK J E, 2006. Multi-scale controls on and con-sequences of aeolian processes in landscape change in arid and semi-arid environ-ments[J]. J. Arid Environ, 65(2): 253-275.

OUYANG S, XIAO K Y, ZHAO Z H, et al. , 2018. Stand transpiration estimates from recalibrated parameters for the granier equation in a Chinese fir (*Cunninghamia lanceolata*) plantation in Southern China [J]. Forests, 9

(4): 162.

PENG X P, FAN J, WANG Q J, et al. , 2015. Discrepancy of sap flow in *Salix matsudana* grown under different soil textures in the water-wind erosion crisscross region on the Loess Plateau[J]. Plant and Soil, 390: 383-399.

PFAUTSCH S, BLEBY T M, RENNENBERG H, et al. , 2010. Sap flow measurements reveal influence of temperature and stand structure on water use of *Eucalyptus regnans* forests[J]. Forest Ecol. Manage, 259: 1190-1199.

PHILLIPS N, LEWIS J D, LOGAN B A, et al. , 2014. Inter-and intra-specific variation in nocturnal water transport in *Eucalyptus* [J] . Tree physiol, 30: 586-596.

ROSADO B H P, OLIVEIRA R S, JOLY C A, et al. , 2012. Diversity in nighttime transpiration behavior of woody species of the Atlantic Rain Forest, Brazil[J]. Agric. For. Meteorol, 158: 13-20.

SCHILLER G, COHEN S, UNGAR E D, et al. , 2007. Estimating water use of sclerophyllous species under East-Mediterranean climate: III. Tabor oak forest sap flow distribution and transpiration[J]. Forest Ecol. Manage, 238: 147-155.

SCHOLZ F C, BUCCI S J, GOLDSTEIN G, et al. , 2008. Temporal dynamics of stem expansion and contraction in savanna trees: withdrawal and recharge of stored water[J]. Tree physiol, 28(3): 469-480.

SHINOHARA Y, TSURUTA K, OGURA A, et al. , 2013. Azimuthal and radial variations in sap flux density and effects on stand-scale transpiration estimates in a Japanese cedar forest[J]. Tree physiol, 33: 550-558.

SPERRY J S, HACKE U G, OREN R, et al. , 2002. Water deficits and hydraulic limits to leaf water supply[J]. Plant Cell Environ, 25: 251-263.

TIAN Q Y, HE Z B, XIAO S C, et al. , 2018. Growing season stem water status assessment of Qinghai spruce through the sap flow and stem radial variations in the Qilian Mountains of China[J]. Forests, 9: 2-14.

TYREE M T, 1988. A dynamic model for water flow in a single tree: evidence that models must account for hydraulic architecture[J]. Tree physiol, 4: 195-217.

WALTER O, ALBIN H, WERNER K, 2015. Tree water status and growth of saplings and mature Norway spruce (*Picea abies*) at a dry distribution limit

[J]. Front Plant Sci, 6: 703.

WANG F, PAN X B, GERLEIN-SAFDI C, et al., 2019. Vegetation restoration in Northern China: a contrasted picture[J]. Land Degrad Dev, 31: 669-676.

WANG Q, GAO J G, ZHAO P, et al., 2018. Biotic- and abiotic-driven variations of the night-time sap flux of three co-occurring tree species in a low subtropical secondary broadleaf forest[J]. Aob Plants, 10(3): ply025.

WIESER G, GRAMS T E E, MATYSSEK R, et al., 2015. Soil warming increased whole-tree water use of *Pinus cembra* at the treeline in the Central Tyrolean Alps [J]. Tree physiol, 35: 279-288.

WILSON K B, HANSON P J, MULHOLLAND P J, et al., 2001. A comparison of methods for determining forest evapotranspiration and its components: sap-flow, soil water budget, eddy covariance and catchment water balance[J]. Agric. For. Meteorol, 106: 153-168.

WULLSCHLEGER S D, HANSON P J, TODD D E, 2001. Transpiration from a multi-species deciduous forest as estimated by xylem sap flow techniques[J]. Forest Ecol. Manage, 143: 205-213.

XIA G M, KANG S Z, LI F S, et al., 2008. Diurnal and seasonal variations of sap flow of *Caragana korshinskii* in the arid desert region of north-west China [J]. Hydrol Process: An International Journal, 22: 1197-1205.

YANG S J, ZHANGG Y J, GOLDSTEIN G, et al., 2015. Determinants of water circulation in a woody bamboo species: afternoon use and night-time recharge of culm water storage[J]. Tree physiol, 35: 964-974.

YIN L H, ZHOU Y H, HHUANG J T, et al., 2014. Dynamics of willow tree (*Salix matsudana*) water use and its response to environmental factors in the semi-arid Hailiutu River catchment, Northwest China[J]. Front Plant Sci, 71: 4997-5006.

ZEPPEL M, TISSUE D T, TAYLOR D, et al., 2010. Rates of nocturnal transpiration in two evergreen temperate woodland species with differing water-use strategies[J]. Tree physiol, 30: 988-1000.

ZHANG J G, GUAN J H, SHI W Y, Y et al., 2015. Interannual variation in stand transpiration estimated by sap flow measurement in a semi-arid black locust plantation, Loess Plateau, China[J]. Ecohydrology, 8: 137-147.

ZHANG Z Z, ZHAO P, ZHAO X H, et al. , 2018. The tree height-related spatial variances of tree sap flux density and its scale-up to stand transpiration in a subtropical evergreen broadleaf forest[J]. Ecohydrology, 11: e1979.

ZHAO H W, YANG S C, GUO X D, et al. , 2018. Anatomical explanations for acute depressions in radial pattern of axial sap flow in two diffuse-porous mangrove species: Implications for water use[J]. Tree Physiol, 38(2): 276-286.

ZHU L W, HU Y T, ZHAO X H, et al. , 2017. The impact of drought on sap flow of cooccurring, *Liquidambar formosana* Hance and *Quercus variabilis* Blume in a temperate forest, Central China[J]. Ecohydrology, 10: e1828.

ZHU Y, ZHANG J, ZHANG Y, et al. , 2019. Responses of vegetation to climatic variations in the desert region of northern China[J]. Catena, 175: 27-36.

第 3 章

华北落叶松人工林水热
通量特征及能量分配过程

3.1 引 言

蒸散发(evapotranspiration，ET)是生态系统水循环过程的重要组成部分，是连接生态、水文和大气过程的纽带(Wang et al.，2020)，也是解释生态系统水循环动态对植物群落组成、生长及发育的关键变量(Feng and Liu，2016；Alves et al.，2021)。整个生态系统的蒸散发由非生物蒸发(evaporation，E)和生物蒸腾(transpiration，T)两个部分组成(Liu et al.，2020)。在全球范围内，蒸散发约占陆地生态系统年降水量的62%。其中，植物蒸腾量占蒸散发量的64%±13%，蒸发量的65%±26%来自土壤(Good et al.，2015)。蒸散发在植被水循环过程和陆地-大气能量平衡中起着至关重要的作用(Sulman et al.，2016；Tong et al.，2019)，蒸散发也影响着地表水通量相关的潜热通量过程(Katul et al.，2012；Tong et al.，2019；Liu et al.，2020)。蒸发和蒸腾作用受环境因子的调控方式和程度有很大差异(Katul et al.，2012；Kozii et al.，2020)，对环境因子和植被动态的响应规律也不同(Kool et al.，2014；Wagle et al.，2020)。例如，蒸腾作用主要发生在生长季，受植物生理过程(如气孔导度)和植被类型的调控，而蒸发作用发生在全年，受太阳辐射、饱和水汽压差、空气温度、土壤湿度、土壤温度等环境因子的控制(Katul et al.，2012；Kozii et al.，2020；Liu et al.，2020)。

植被蒸腾是陆地生态系统蒸散发中最主要的水通量，在地表与大气的碳水通量和能量交换中起着至关重要的作用，主要通过地表蒸散发、湍流、水分再分配和地表热通量变化产生影响(Shao et al.，2015；van Dijke et al.，2020)。蒸腾分数(T/ET)是划分蒸散发的重要指标，在分析植被动态对气候变化的水文响应过程中起着重要作用，有助于理解生态系统碳-水耦合和循环过程(Jasechko et al.，2013a；Maxwell and Condon，2016；Zhu et al.，2016)。真实的蒸散发气候模型模拟依赖于蒸腾分数的精确量化及其对陆地-大气模式的影响；然而，在这个量化过程中仍有许多不确定之处(Liu et al.，2020)。此外，水通量和能量通量之间也存在着内在联系，因为水从液态转变为水汽的相变过程需要吸收能量(Restrepo-Coupe et al.，2021)。从地表到大气的湍流通量，特别是感热通量(sensible heat flux，H)和潜热通量(latent heat flux，LE)，控制着全球水和能量循环的动态，是理解生态系统水通量对气候响应的关键因素(Alemohammad et al.，2017）。因此，了解陆地生态系统蒸散发的动态变化过程，以及水通量和能量通量之间的关系，对于理解生态系统水文循环过程，以及碳水耦合关系具有重要意义（Berkelhammer et al.，2016；Tong et al.，2019）。

地表导度（surface conductance，G_s）是描述整个生态系统下垫面向大气输送水汽和能量通量的重要参数（Gao et al.，2018；da Silva et al.，2021），它综合了环境因子（如土壤温湿度、空气温湿度、辐射、饱和水汽压差等）、植被结构和生理过程等对蒸散发的控制。冠层导度（canopy conductance，G_c）与植被气孔密度密切相关，表征了植物本身与大气间物质与能量交换的强弱，是解析地表土壤—植物—大气系统水、碳和能量传输中的重要变量，也是林分耗水的基础（Bai et al.，2015；Hayat et al.，2021）。地表导度和冠层导度分别代表整个林地的导度和林冠层的导度，在整个林地与林冠层的水通量和能量交换过程中起着关键作用。因此研究地表导度和冠层导度对环境因子响应的差异对理解林分蒸散发的生物和物理控制过程具有重要的意义（Ghimire et al.，2014；Xu et al.，2020）。目前，地表导度通常使用 Penman-Monteith（PM）模型方程反推来计算（da Silva et al.，2021；Mu et al.，2022）；根据"大叶"模型原理，冠层导度可使用简化的 Penman-Monteith（PM）模型方程反推来计算（Hayat et al.，2021）。利用树干液流数据可以推导出冠层导度数值，利用热通量和空气动力学数据可以推导出地表导度数值，这将有助于了解地表导度和冠层导度对蒸散发和蒸腾的调控作用（da Silva et al.，2021；Mu et al.，2022）。

森林生态系统是陆地生态系统水分交换的重要场所，调节着陆地和大气之间的水循环、能量交换过程，以及碳、水通量的动态变化（Jasechko et al.，2013b；Liu et al.，2020；van Dijke et al.，2020）。森林生态系统蒸散发消耗的能量占地球陆地表面吸收太阳能总量的一半以上，强烈地影响着陆地生态系统温度、水分运输和植被生长等过程（Trenberth et al.，2009；Restrepo-Coupe et al.，2021）。地表能量平衡的主要组成部分是净辐射（net radiation，R_n）、土壤和生物体中储存的热量（soil heat flux，G）、感热通量和潜热通量（Zhang et al.，2016a）。林分尺度上的蒸散发主要包括树木蒸腾、土壤蒸发和冠层截留蒸发等，其中蒸腾作用占蒸散发的绝大部分，在区域水循环和能量分配中起着重要的作用（Good et al.，2015；Zhang et al.，2016a）。因此，研究森林生态系统的水通量和能量通量之间的关系，将有助于我们更好地了解水循环动态和能量交换及其对气候变化的响应。

在过去几十年中，为了减少水土流失，保护脆弱的生态环境，在西北半干旱区山地生态系统种植了大量华北落叶松（*Larix principis-rupprechtii*）人工林。然而，在造林时并未充分考虑造林地的水分承载水力，大规模造林可能会通过改变蒸散发、蒸腾和地表径流而影响整个生态系统的水分平衡（Jian et al.，2015）。植物与水的关系一直是生态学和水文学研究的核心问题（Asbjornsen et al.，2011）。目前，对森林生态系统的水通量和能量平衡的研究大部分集中在热带、温带和北方针叶林，并且这些研究主要收集了生长季节的数据（Giambelluca et al.，2009；Li et al.，2010；Brümmer et al.，2012；Campos et al.，2019）。然而，对西北半干旱区森林生态系统的水通量和能量交换的研究非常有限，尤其是在气候条件复杂而独特的西北半干旱区人工林生态系统。因此，在未来气候变化背景下，量化西北半干旱区山地生态系统华北落叶松人工林的水通量和能量通量的时空动态，水通量和能量通量之间的关系对更好地理解其水循环动态，及其对气候变化的响应具有重要意义。本研究旨在增强我们对西北半干旱区华北落叶松人工林生态系统水循环的生物/物理控制过程及其对气候变化响应的理解。

近年来，涡动相关法已被广泛应用于测量森林生态系统水碳通量和能量交换的研究（Baldocchi，2014；Wang et al.，2021b）。虽然这种方法能够直接并且不间断地测量森林生态系统的蒸散发，但不能单独测量蒸散发的两个组成部分（蒸发和蒸腾），涡动相关法测量的蒸散发包括了从土壤和植被的表面蒸发和通过植被气孔的蒸腾（Scanlon et al.，2019；Wagle et al.，2020）。热扩散探针（thermal dissipation probe，TDP）监测法被认为是目前评估树木蒸腾最方便的方法。这种方法可以监测树木内部的水分传输动态过程，特别是树木在蒸腾过程中水分从木质部流向叶片的运动过程，它能反映整个植物冠层蒸腾作用的强弱（Han et al.，2019；He et al.，2020）。然而，由于控制蒸散发的两个组成部分（蒸发和蒸腾）的过程不同，对环境因子的响应也不同（Kool et al.，2014；Wagle et al.，2020）。因此，将涡动相关法和热扩散探针监测法两种方法结合起来，可以区分森林生态系统的蒸散发和蒸腾过程，进一步对森林生态系统蒸发和蒸腾的生物/物理控制过程和环境响应机制进行深入的研究，这种综合的研究方法将提高我们对森林生态系统水循环和能量交换过程的理解。

因此，本研究以西北半干旱区山地生态系统华北落叶松人工林为研究对象，采用涡动相关法和热扩散探监测针法对西北半干旱区山地生态系统华北落叶松人工林的能量通量和水通量进行了定量分析。本研究的主要目标：①研究西北半干旱区山地生态系统华北落叶松人工林能量通量的季节性和年际变化规律并确定其能量分配特征；②量化其水通量及其组分在不同时间尺度下的变化特征，并研究其主要的环境影响因子；③探索其能量通量与水循环特征之间的关系及调控机制。研究结果将有助于我们进一步了解西北半干旱区山地生态系统华北落叶松人工林的水循环特征与能量分配之间的关系，及其环境调控机制。

3.2 材料和方法

3.2.1 研究地概况

同第2章，详细信息见表2-1。

3.2.2 植被信息

同第2章，详细信息见表2-1。

3.2.3 气象因子监测

气象监测设备安装在林地内离地面约24m 的气象-通量塔上，包括空气温度、空气相对湿度、四分量辐射、光合有效辐射、土壤温度、土壤含水量、降水、风速。所有环境因子监测数据使用 CR6（Campbell Scientific，Logan，UT，USA）数据采集器记录每30分钟的监测数据，更多仪器设备信息和安装详情见表3-1。根据30分钟平均空气温度和空气相对湿度按如下公式计算饱和水汽压差（Han et al.，2019）：

$$VPD = 0.611 \times \exp\left(\frac{17.502TA}{TA+240.97}\right) \times \left(1 - \frac{RH}{100}\right) \qquad (3-1)$$

式中：VPD 为饱和水汽压差（kPa）；TA 为空气温度（℃）；RH 为空气相对湿度（%）。

在本研究中，土壤湿度和土壤温度用20cm、40cm 和60cm 土壤层（根区）的监测数据，该层土壤与植被生长和蒸散发密切相关（Wang et al.，2021a），其他气象数据均为冠层上方的观测数据。

3.2.4 水通量和能量通量监测

利用涡动相关系统监测了华北落叶松人工林生态系统的水通量、感热通量和潜热通量。该系统由一个开路红外线气体分析仪（LI-7500DS，LI-COR，USA）测量水气和CO_2浓度，一个三维超声风速仪（CSAT-3，Campbell Scientific，Logan，UT，USA）测量三维风速（u、v和w）和超声温度，传感器安装在冠层上方约3m处。通过计算垂直风速与水汽密度、温度波动的协方差，得到感热通量和潜热通量（Xu et al.，2020；da Silva et al.，2021）。土壤热通量用土壤热通量板（HFP01，Hukseflux，USA）埋在5cm深度的土层中测量，更多仪器设备信息和安装详情见表3-1。所有通量数据均由CR6数据采集器（Campbell Scientific，USA）以10Hz的采样频率记录，并通过LI-7500DS开路式CO_2/H_2O智能分析系统计算通量数据，随后将其存储在U盘上。本研究的通量数据收集时间为2018年1月1日至2021年12月31日。遗憾的是，由于设备故障和供电中断的原因，本研究中丢失了部分能量通量数据（H、LE、R_n和G分别丢失了约7.66%、6.22%、34.50%和31.90%）。

从涡动相关系统采集的所有通量数据和气象数据都被集成到SmartFlux系统（LI-COR，USA）中，SmartFlux系统是一个自动运行的系统，该系统包括一个LI-7500DS，内置了一个GPS和运行的EddyPro 7.0.6（LI-COR，USA）程序。该系统从LI-7500DS收集数据并使用EddyPro程序进行通量数据的进一步处理，将10Hz的高频数据计算为30分钟的通量和气象数据（Chi et al.，2021；Wang et al.，2021a）。数据处理过程还包括异常值检测、频率响应校正、温度转换、坐标旋转、WPL密度校正（Webb et al.，1980），以及所有传感器监测变量时间的同步等（Li et al.，2021；Wang et al.，2021a）。此外，根据数据质量稳定性和湍流特性对水通量和热通量的数据质量进行标识（da Silva et al.，2021；Dare-Idowu et al.，2021）。

表3-1 华北落叶松人工林生态系统研究地的监测设备和安装详细信息

监测项目	传感器型号	安装信息
通量塔高度	—	24m
涡动相关系统	Li7500DS，LI-COR，USA	18m
空气温度	HMP155A，Vaisala，USA	4，8，12，16，18，24m
空气湿度	HMP155A，Vaisala，USA	4，8，12，16，18，24m

续表

监测项目	传感器型号	安装信息
四分量的辐射	CNR4, Kipp&Zonen, Netherlands	16m
光合有效辐射	LI-190R, LI-COR, USA	2, 8, 16m
土壤温度	GS3, Decagon, USA	10, 20, 40, 60cm
土壤水分含量	GS3, Decagon, USA	10, 20, 40, 60cm
大气降水	RM Young, 52202, USA	16m
风速	DS-2, Decagon, USA	8, 12, 16, 24m
风向	DS-2, Decagon, USA	8, 12, 16, 24m
土壤热通量	HFP01, Hukseflux, USA	5cm

3.2.5　数据处理和插补方法

在长期监测过程中，由于仪器故障、维护和校准、天气、供电等原因，数据缺失是一个很常见的问题。本研究的数据质量标识使用"0""1""2"的标准来评估数据质量的好坏情况（Mauder et al.，2013；Isabelle et al.，2020），数据质量标识为"2"的数据和异常值被剔除。当湍流通量显著超过净辐射的能量通量数据（即：$H+LE>5R_n$）也被剔除（Isabelle et al.，2020）。最后使用 R 语言插补 30 分钟的潜热通量和感热通量缺失值（Zhang et al.，2016b；Gao et al.，2018；Wutzler et al.，2018）。

在本研究中，丢失了部分水通量（蒸散发）数据。利用涡动相关系统处理的潜热通量数据，通过以下转换公式得到丢失的水通量数据：

$$ET = \frac{LE}{\lambda \, \rho_w} \qquad (3-2)$$

式中：LE 为潜热通量（W/m²）；λ 为水蒸发潜热（MJ/kg）（2.54MJ/kg）；ρ_w 为液态水的密度（kg/m³）（da Silva et al.，2021）。

3.2.6　能量平衡、闭合和分配研究

许多研究将能量平衡闭合（energy balance closure，EBC）情况作为涡动相关数据质量检验的标准（Foken，2008；Bajgain et al.，2018）。在本研究中，分析了能量平衡闭合情况，用于评估涡动相关系统测量的合理性（Coulter et al.，2006；Zhang et al.，2016a）。根据热力学第一定律，湍流通量（潜热通量和感热通量）的总和应该等于可用能量（净辐射和土壤热通量）总和（Wilson et al.，2002；

· 49 ·

Bajgain et al.，2018）。本研究中忽略了植被冠层中储存的能量以及光合作用和呼吸作用所消耗的能量，因为它们只占不到2%的净辐射能量（Campos et al.，2019；da Silva et al.，2021）。因此。地表能量收支可表示为：

$$R_n - G = H + LE \tag{3-3}$$

式中：R_n 为净辐射（W/m²）；G 为土壤热通量（W/m²）；H 为感热通量（W/m²）；LE 为潜热通量（W/m²）（Isabelle et al.，2020）。

能量平衡闭合率（Energy balance closure ratio，EBR）是指半小时内累积湍流通量（$LE+H$）与可用能量（R_n-G）之比，用于评估能量平衡情况（Bajgain et al.，2018；Campos et al.，2019），能量平衡闭合率公式如下：

$$EBR = \frac{LE+H}{R_n-G} \tag{3-4}$$

感热通量表征了地球表面和大气之间能量和水的传递过程，潜热通量量化了水的蒸散程度。van Dijke 等（2020）认为，蒸发比（Evaporative fraction，EF）是阐明地表加热和蒸散发之间总可用能量分配的可靠指标，是指潜热通量与有效能量的比值，在解释地表能量分配中起着重要作用。计算公式如下：

$$EF = \frac{LE}{LE+H} \tag{3-5}$$

式中：H 为感热通量（W/m²）；LE 为潜热通量（W/m²）。

Priestley-Taylor 模型系数 α 可以用来评估土壤水分供应的充足情况，α 可以根据蒸散发速率和潜热通量计算（梁椿焜等，2018；Priestley and Taylor，1972）。公式如下：

$$\alpha = \frac{LE}{[\Delta/(\Delta+\gamma)](LE+H)} = \frac{EF}{\Delta/(\Delta+\gamma)} \tag{3-6}$$

式中：Δ 为饱和水汽压差与空气温度曲线的斜率（kPa/℃）；γ 为干湿常数（kPa/℃）（66.5×10⁻³kPa/℃）。

3.2.7 液流测量和估计

在本研究中，我们使用两种型号的热扩散探针（Dynamax SapIP，USA 和 SF-G，Ecomatik，Germany）监测技术，在 2018—2021 年的生长季节，连续监测了华北落叶松人工林的蒸腾耗水量。在前期研究的基础上，我们观察到华北落叶松在4月底开始出现液流，在 10 月初开始下降（Han et al.，2019），这一现象也符合当地的植被物候特征。因此，本研究采集了每年 4~10 月收集的树干液流数据，详细的蒸腾耗水量的计算方法见第2章。由于树干液流监测设备故障和电源供电不足的原因，丢失了部分数据。

3.2.8　蒸散的物理/生物控制计算

Penman-Monteith(PM)模型方程同时考虑了植物生理和微气象因素，是一个被广泛认可的计算生态系统蒸散发的物理/生理模型。地表导度(Surface conductance, G_s)通常使用 Penman-Monteith(PM)模型方程反推来计算得出(Xu et al., 2020；da Silva et al., 2021)，计算方程如下：

$$G_s = \frac{LE \cdot \gamma \cdot G_a}{\Delta(R_n-G)+\rho_a \cdot C_p \cdot VPD \cdot G_a - LE(\Delta+\gamma)} \tag{3-7}$$

式中：Δ 为饱和水汽压与温度曲线的斜率(kPa/℃)；γ 为湿度常数(kPa/℃)(66.5×10^{-3}kPa/℃)；ρ 为空气密度(kg/m³)(1.25kg/m³)，C_p 为空气的比热容(J/kg/℃)(1010J/kg/℃)；ρ_w 为液态水的密度(kg/m³)；VPD 为饱和水汽压差(kPa)；R_n 为净辐射(W/m²)；LE 为潜热通量(W/m²)；G 为土壤热通量(W/m²)；G_a 为空气动力学导度(m/s)；G_a 通过 Monteith-Unsworth 方程计算得来(Leuning et al., 2008；Ma et al., 2019)：

$$G_a = \frac{k^2 \cdot u_m}{\ln[(z_m-d)/z_{om}]\ln[(z_m-d)/z_{ov}]} \tag{3-8}$$

式中：z_m 为风速和湿度测量高度(m)；d 为零平面位移高度(m)；z_{om} 和 z_{oh} 是控制动量和水汽传输粗糙度长度(m)；$z_{oh}=0.1z_{om}$，$z_{om}=0.123h$；k 为卡曼(Karman's)常数(0.41)；u_z 为高度为 z_m 处的风速(m/s)；在本研究中，我们采用 Brutsaert 的经验方程来估计粗糙度长度和零位移高度，其中 $d=2h/3$、$z_{om}=0.123h$ 和 $z_{ov}=0.1z_{om}$，其中 h 为林冠层的高度(Tan et al., 2019)。

对于林冠层的蒸腾，不同于地表导度(G_s)，我们引入了冠层导度(Canopy conductance, G_c)。假设森林上方的空气与地面大气层之间存在较强的气动耦合，采用基于蒸腾(T)和气象资料的简化 Penman-Monteith(PM)模型方程反推计算冠层导度(G_c)(Bai et al., 2015)。计算公式如下：

$$G_c = \frac{\gamma\lambda T}{\rho_a C_p VPD} \tag{3-9}$$

式中：γ 为湿度常数(kPa/℃)(66.5×10^{-3}kPa/℃)；λ 为水的蒸发潜热(MJ/kg)(2.5MJ/kg)；ρ_a为空气密度(kg/m³, 1.25kg/m³)；C_p 为空气比热容[J/(kg·℃)][1010J/(kg·℃)]；T 为蒸腾[mm/(m²·s)]；VPD 为饱和水汽压差(kPa)。T 的计算方法如下：

$$T = \frac{f}{A_c} \tag{3-10}$$

式中：A_c 为样地面积（m^2）；f 为样地内所有树木树干液流速度（mm/s）；T 和 f 的详细计算方法参见第 2 章材料与方法。

本研究计算了非阴雨天的能量分配（EF、EBR、LE/R_n、H/R_n 和 G/R_n）和地表导度参数（G_s 和 α），为了避免由于太阳高度角导致的零数据点和虚假数据，我们排除了所有短波入射辐射小于 $<100W/m^2$ 时期的数据（Jia et al.，2016；Ma et al.，2018）。另外，由于 R_n、VPD、树干液流趋近于零时，会导致冠层导度的计算不准确。因此，在计算冠层导度时，本研究排除了 $R_n<0$、$VPD<0.5kPa$ 和降水时段的所有监测数据（Bai et al.，2015）。

3.2.9 数据处理和分析

本研究量化了不同时间尺度上华北落叶松人工林生态系统的水通量、能量通量、地表导度和冠层导度及其比值。采用多元逐步回归分析（multiple stepwise regression analysis，MSRA）研究了影响水通量、能量通量、地表导度和冠层导度的主要环境因子（即 TA、VPD、TS、R_n 和 P_r）。多元逐步回归分析使用 SPSS 26.0 软件（SPSS Inc. an IBM Company，Chicago，IL，USA）完成，所有拟合回归模型和图片绘制均使用 Origin2023 软件（Origin Lab Inc.，Northampton，MA，USA）完成。

3.3 研究结果

3.3.1 环境因子的年际变化

本研究选取华北落叶松人工林生态系统连续 4 年（2018—2021）的监测数据研究了环境因子的年际变化情况。研究结果表明，研究区内日平均气温、日平均土壤温度、日平均饱和水汽压差、日平均空气相对湿度、日平均土壤含水量（20cm、40cm 和 60cm）、日降水量和累积降水量具有明显的季节性变化趋势，如图 3-1 所示。空气温度从春季（3 月）开始逐渐增加，在 7 月达到 20℃ 左右的峰值后逐渐下降（图 3-1A）。20cm 层土壤温度与空气温度变化趋势相似，在 2018—2020 年 7 月达到最大值，分别为 16.89℃、11.43℃ 和 10.35℃（图 3-1D）。由于生长季节（6~9 月）与雨季相一致，空气相对湿度一直较高

(图 3-1B)，饱和水汽压差在 5~8 月达到最大值(图 3-1C)；土壤水分含量在生长季显著增加，且受降水影响明显，土壤水分含量也随土层深度的增加而增加(图 3-1E)。降水主要集中在每年的 6~9 月，2018—2021 年生长季的累积降水量分别约为 681mm、683mm、553mm 和 548mm(图 3-1F)。

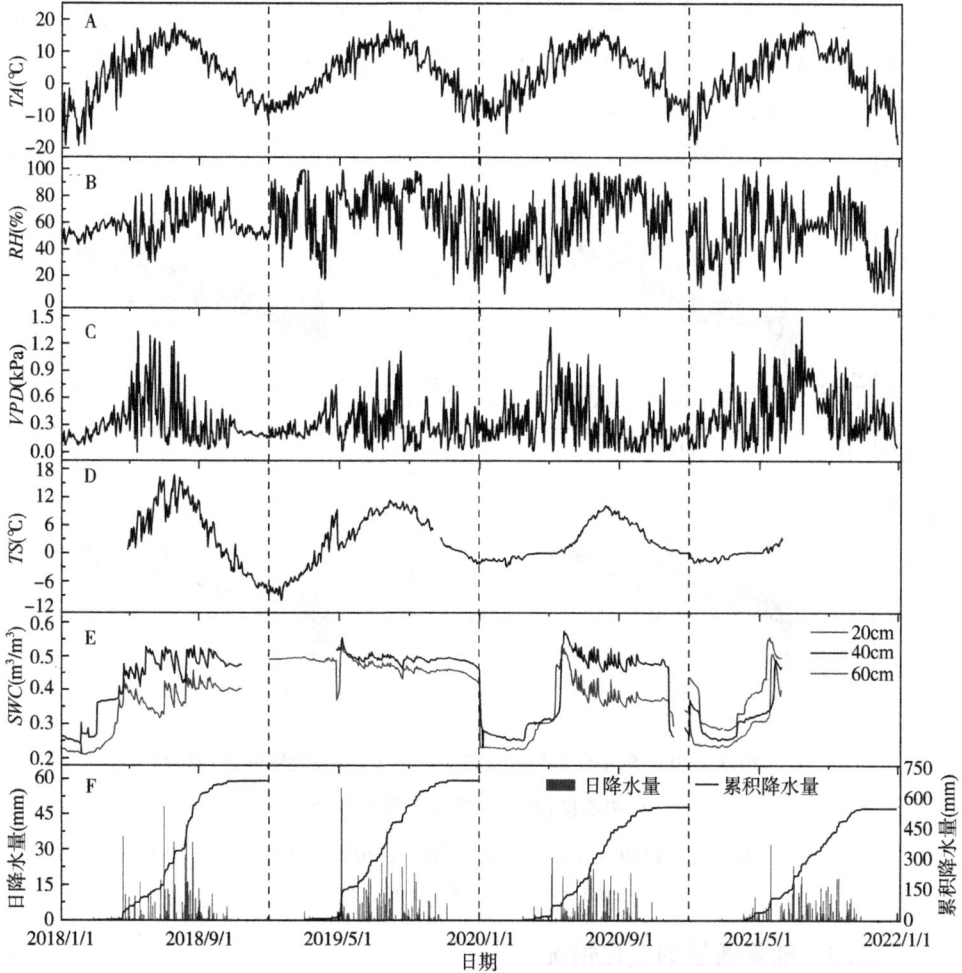

图 3-1 2018—2021 年华北落叶松人工林生态系统相关气象要素的年际变化规律

A：日平均气温；B：日平均相对湿度；C：日平均蒸气压亏缺；D：日平均土壤温度；

E：20cm、40cm、60cm 深度的日平均土壤含水量；F：日降水量和累积降水量

3.3.2 能量平衡闭合率

为研究华北落叶松人工林生态系统的能量闭合情况，本研究利用 2018—2021 年间获得的半小时能量通量数据分别绘制了其湍流能量通量和可用能量之

间的拟合关系来研究能量平衡比(energy balance ratio，EBR)(图3-2)。研究结果表明，华北落叶松人工林生态系统的能量平衡比在2018年最大(0.67)(图3-2A)，其次是2019年(0.59)(图3-2B)，2020年和2021年最低(0.52)(图3-2C、图3-2D)。这些发现表明，涡动相关数据可能低估了白天的净能量增加和夜间的净能量损失。在月尺度上，生长季的能量平衡比大于非生长季(年均能量平衡比约为0.57)，5月最大值为0.80，1月最小值为0.21(图3-3)。这表明植被对能量平衡比具有重要影响。

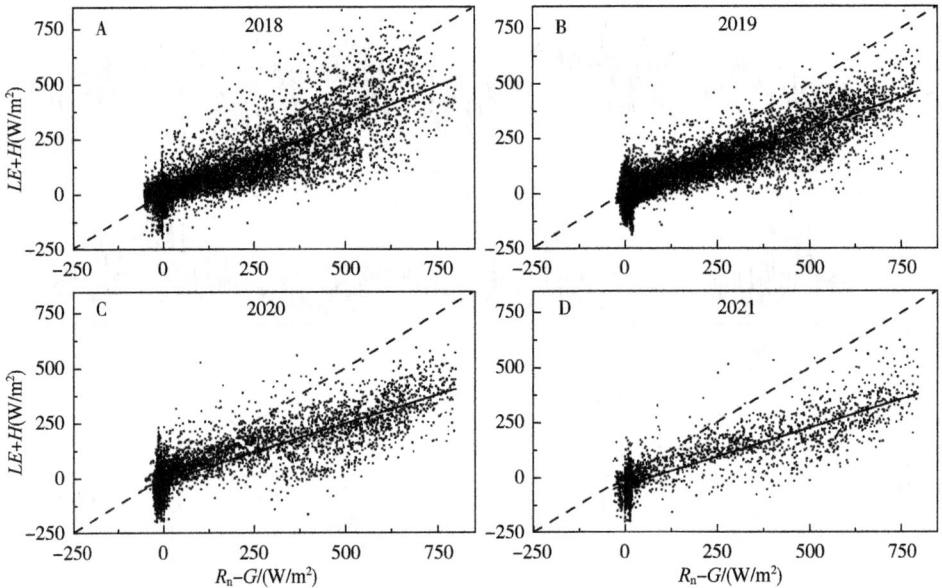

图3-2　2018—2021年华北落叶松人工林半小时湍流能量通量($H+LE$)与可用能量(R_n-G)之间的回归关系

图片右下角为回归方程和决定系数 R^2，能量平衡比(EBR)即为线性回归方程的斜率。

虚线为1:1线，实线为拟合线

3.3.3　能量通量的变化情况

图3-4展示了华北落叶松人工林2018—2021年间能量通量、蒸发比与Priestley-Taylor模型系数 α 的年际波动情况。由于实验仪器故障，本研究存在部分数据缺失。研究发现，潜热通量与感热通量在时间序列上的变化趋势并不完全同步，感热通量在生长季初期达到峰值，而潜热通量的峰值则出现在生长季末期(图3-4A、图3-4B)。日均潜热通量的年际波动趋势随季节的变化而变化，其最大值出现在生长季的7~8月(图3-4B)。日均感热通量在7~8月降至

最低值(图 3-4A)。日均土壤热通量在 4
月达到峰值,且在生长季显著高于非生
长季(图 3-4C)。日均净辐射在 6~7 月
达到最大值(图 3-4D)。日均蒸发比与
日均 Priestley-Taylor 模型系数 α 的变化
趋势一致,均呈先升后降的单峰型分布,
并于 7 月达到峰值(图 3-4E、图 3-4F)。
其中,蒸发比的日均最大值为 1.21,
Priestley-Taylor 模型系数 α 的日均最大
值为 1.69(图 3-4E、图 3-4F)。

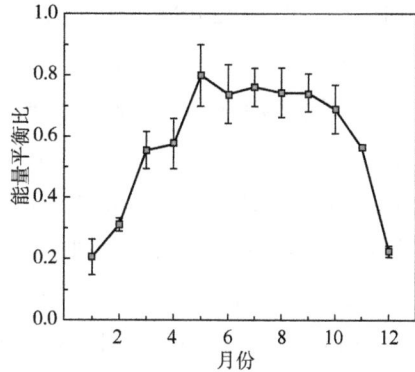

图 3-3　华北落叶松人工林生态系统
能量平衡比的月变化情况

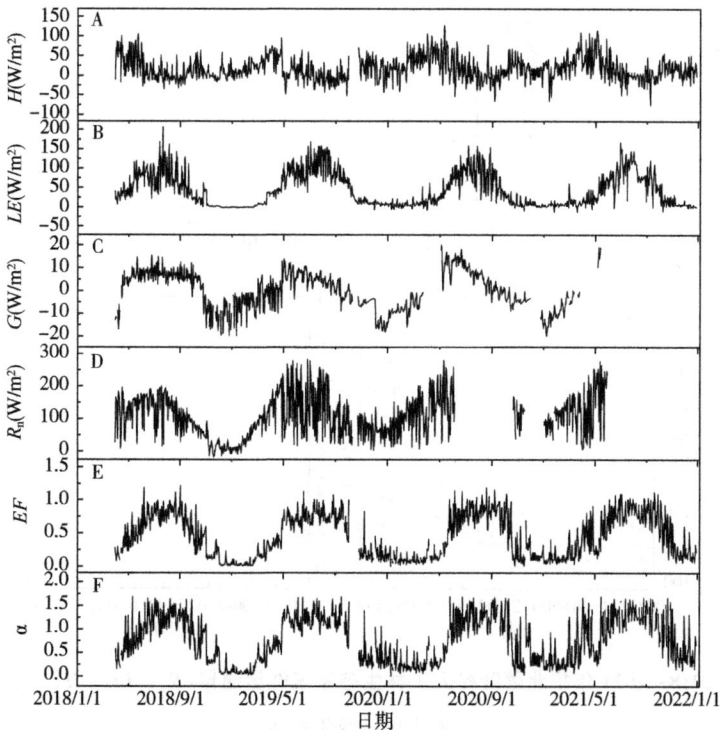

图 3-4　2018—2021 年华北落叶松人工林生态系统能量通量、蒸发比与 Priestley-Taylor
模型系数 α 的年际变化趋势

A:日均感热通量;B:日均潜热通量;C:日均土壤热通量;D:日均净辐射;

E:日均蒸发比;F:日均 Priestley-Taylor 模型系数 α

图 3-5 展示了 2018—2021 年华北落叶松人工林生态系统在月尺度与日尺度上的能量通量变化情况。结果表明，生长季的净辐射显著高于非生长季，并于 5 月达到最大值（194.0W/m²），此后逐渐下降。受降水影响，6~9 月期间平均净辐射呈持续下降趋势（图 3-5A）。整个生长季期间，潜热通量与气温具有相同的变化趋势，均在 7 月达到峰值（107.4W/m²）。然而，感热通量的最高值出现在生长季初期的 4 月（49.5W/m²），而最低值则出现在 8 月（-7.0W/m²）（图 3-5A）。值得注意的是，5~9 月期间，感热通量的变化趋势与潜热通量呈相反的变化趋势（图 3-5A）。土壤热通量在生长季（4~10 月）的数值显著高于非生长季，其峰值出现在 5 月（10.5W/m²），而最低值则出现在 12 月（-12.1W/m²）（图 3-5A）。

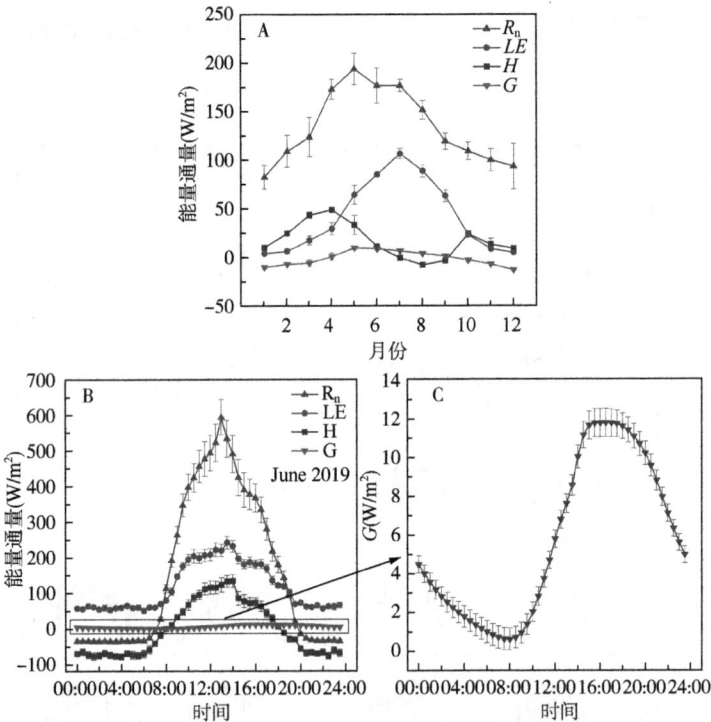

图 3-5　2018—2021 年华北落叶松人工林生态系统能量通量（R_n、LE、H、G）的月变化规律和日变化规律

A：能量通量的月变化趋势；B：能量通量的日变化趋势（选取 2019 年 6 月数据示例）；

C：B 图中土壤热通量的放大；垂直柱状线表示标准误

在日尺度上，净辐射、潜热通量及感热通量均呈现典型的单峰型变化趋势（图 3-5B）。随着净辐射的升高，能量通量（潜热通量、感热通量及土壤热通量）开始同步升高。在6月，净辐射于13：00达到最大值(595.8W/m²)，潜热通量于13：30达到峰值(243.7W/m²)，感热通量则于14：00达到最高值(135.1W/m²)。然而，土壤热通量最低值(0.6W/m²)出现在早上08：00，而最高值(11.8W/m²)则延迟至16：30左右(图3-5C)。

3.3.4　蒸发比和能量分配

图3-6展示了华北落叶松人工林生态系统蒸发比与Priestley-Taylor模型系数 α 的月变化特征。蒸发比和Priestley-Taylor模型系数 α 的月变化趋势与潜热通量相似，均在潜热通量达到峰值时同步上升至最高值；两者均呈单峰型，蒸发比于8月达到最大值0.82(图3-6A)，而Priestley-Taylor模型系数 α 则在7月达到峰值1.27(图3-6B)。6~9月期间，Priestley-Taylor模型系数 $\alpha>1$ 表明研究区生态系统水分供应充足，这与本研究区的降水分布特征是一致。

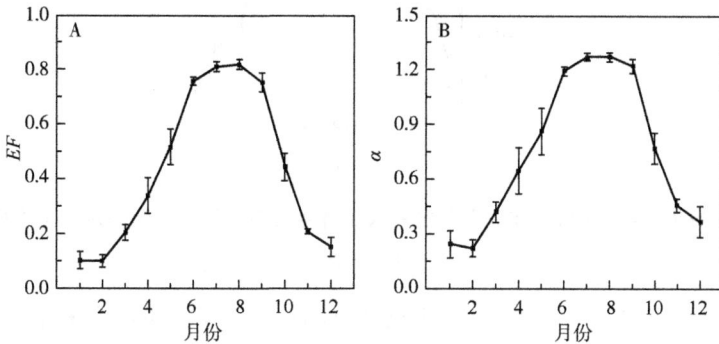

图3-6　2018—2021年华北落叶松人工林生态系统蒸发比(EF)与Priestley-Taylor模型系数 α 的月变化特征

在月尺度上，净辐射分配给感热通量、潜热通量及土壤热通量的比例呈现显著波动趋势。图3-7展示了2018—2021年间 H/R_n、LE/R_n 与 G/R_n 的能量分配的变化情况。其中，H/R_n 自5月起显著下降，并于8月达到最小值(0.12)(图3-7A)。LE/R_n 和 G/R_n 均呈先升高后降低的单峰型趋势，LE/R_n 于7月达到峰值(0.48)，在1月降至最低值(0.05)(图3-7B)。G/R_n 的最大值(0.08)出现在6月，最低值(-0.16)在12月(图3-7C)。

3.3.5　环境因子与 H、LE、EF、α 的关系

为了更好地揭示华北落叶松人工林生态系统感热通量(H)、潜热通量(LE)、蒸发比(EF)及Priestley-Taylor系数 α 对主要环境驱动因子(如气温、饱

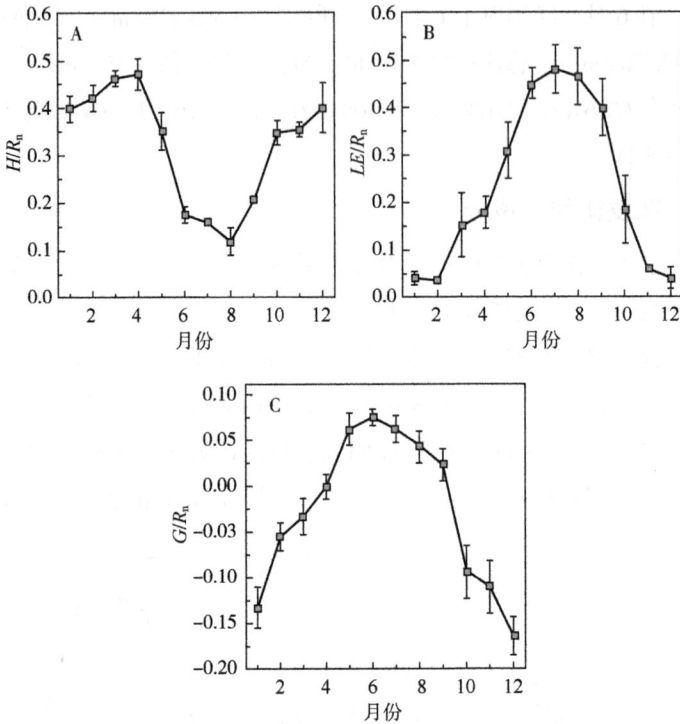

图 3-7 2018—2021 年华北落叶松人工林生态系统能量分配的月变化趋势

A：H/R_n；B：LE/R_n；C：G/R_n

和水汽压差、土壤温度、净辐射、降水量)的响应关系，本研究采用多元逐步回归分析评估了关键环境因子对感热通量、潜热通量、蒸发比及 Priestley-Taylor系数 α 的影响(表 3-2)。研究结果表明，感热通量的主要环境驱动因子为空气温度、土壤温度、净辐射和降水量。其中，空气温度、土壤温度、降水量与感热通量呈负相关关系(偏相关系数分别为-0.18、-0.15、-0.11)，而净辐射与感热通量呈正相关关系(偏相关系数为 0.54)。潜热通量的主要环境驱动因子为空气温度、土壤温度、净辐射，三者均与潜热通量呈正相关(偏相关系数分别为0.33、0.40、0.19)。蒸发比与 Priestley-Taylor 系数 α 的主要环境驱动因子为空气温度、饱和水汽压差和土壤温度。蒸发比和 Priestley-Taylor 系数 α 与空气温度和土壤温度呈正相关，但与饱和水汽压差呈负相关。值得注意的是，空气温度是影响蒸发比和 Priestley-Taylor 系数 α 的最关键因子(偏相关系数分别为0.48 和 0.40)。

表3-2　在2018—2021年华北落叶松人工林生长季期间感热通量、潜热通量、蒸发比及 Priestley-Taylor 系数 α 与环境驱动因子的多元逐步回归分析结果

回归方程	R^2	P 值	F 值	TA	VPD	TS	Rn	Pr
$H=-4.213+0.300Rn-1.177TA-1.207TS-0.555Pr$	0.60	<0.01	126.79	-0.18**	—	-0.15**	0.54**	-0.11**
$LE=18.678+1.944TA+3.185TS+0.080Rn$	0.84	<0.01	726.97	0.33**	—	0.40**	0.19**	—
$EF=0.417+0.019TS-0.429VPD+0.024TA$	0.85	<0.01	782.68	0.48**	-0.48**	0.32**	—	—
$\alpha=0.746+0.030TS-0.715VPD+0.035TA$	0.80	<0.01	523.71	0.40**	-0.45**	0.29**	—	—

注：空气温度（TA）、饱和水汽压差（VPD）、土壤温度（TS）、净辐射（R_n）、降水量（Pr）；
*表示在0.05水平上显著相关；**表示在0.01水平上显著相关；"—"表示逐步回归中被剔除的变量。

表3-3　2018—2021年华北落叶松人工林生长季期间蒸散发、蒸腾、蒸腾比、地表导度及冠层导度对环境驱动因子的多元逐步回归分析结果

回归方程	R^2	P 值	F 值	TA	VPD	TS	Rn	Pr
$ET=0.667+0.072TA+0.106TS+0.003Rn$	0.84	<0.01	724.03	0.34**	—	0.38**	0.19**	—
$T=-0.271+1.252VPD+0.003Rn+0.029TS$	0.83	<0.01	115.80	—	0.64**	0.24**	0.31**	—
$T/ET=0.095+0.285VPD+0.001Rn$	0.63	<0.01	50.66	—	0.42**		0.19*	—
$G_s=3.179+0.331TS+0.150TA-2.058VPD-0.072Pr$	0.72	<0.01	156.79	0.23**	-0.17**	0.36**	0.18**	-0.13**
$G_c=2.657+1.235VPD$	0.28	<0.01	13.91		0.28**			

注：空气温度（TA）、水汽压差（VPD）、土壤温度（TS）、净辐射（R_n）、降水量（Pr）；
*表示在0.05水平上显著相关；**表示在0.01水平上显著相关；"—"表示逐步回归中被剔除的变量。

3.3.6　地表导度和冠层导度的变化情况

图3-8展示了华北落叶松人工林在不同时间尺度下地表导度与冠层导度

的变化特征。受设备故障的影响，本研究仅获得部分地表导度与冠层导度的有效数据。在年尺度上，生长季的地表导度显著高于非生长季，且其变化趋势与空气温度同步（图 3-8A）。在月尺度上，地表导度与冠层导度均呈先升高后下降的单峰型变化趋势，且地表导度始终高于冠层导度。其中，地表导度在 7 月达到峰值（9.1mm/s），而冠层导度的峰值（4.8mm/s）则出现在 6 月（图 3-8C）。在日尺度上，地表导度与冠层导度同样表现为先增加后减小的变化趋势，地表导度的日变化幅度仍高于冠层导度。地表导度在 11：30 左右达到最大值（12.8mm/s），而冠层导度的峰值（5.9mm/s）则在 12：30 左右（图 3-8D）。综上可以看出，不同时间尺度下，地表导度始终高于冠层导度。

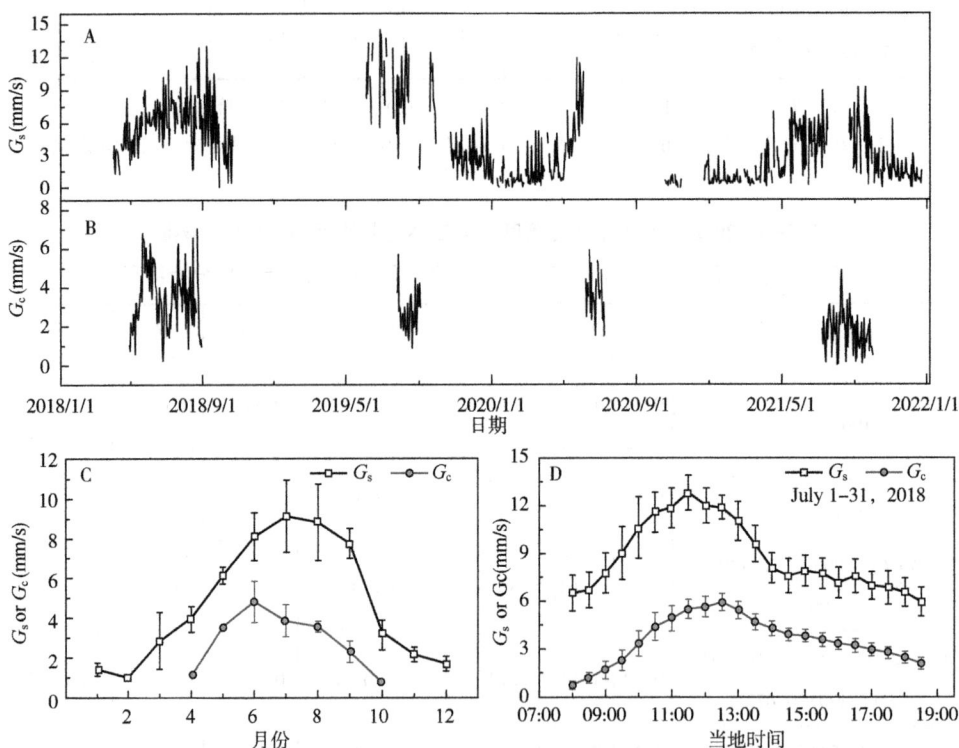

图 3-8　2018—2021 年华北落叶松人工林在不同时间尺度下地表导度（G_s）与冠层导度（G_c）的变化特征

A：地表导度的年际变化；B：冠层导度的年际变化；C：地表导度与冠层导度的月变化趋势；
D：地表导度与冠层导度的日变化趋势（以 2018 年 7 月数据为例）

3.3.7　蒸散发和蒸腾的变化情况

图 3-9 展示了 2018—2021 年华北落叶松人工林的林地蒸散发、冠层蒸腾及蒸腾比的年际变化特征。研究期间，2018 年 1 月 1 日至 3 月 28 日因系统故障导致部分林地蒸散发数据缺失，本研究采用 2019—2021 年三年同期的平均数据对 2018 年缺失值进行了插补。研究结果表明，2018—2021 年蒸散发的年累积量分别约为 545.8mm、568.5mm、456.8mm 和 468.1mm；日最大蒸散发量分别为 5.93mm/d、5.97mm/d、5.61mm/d 和 5.79mm/d。年尺度上，蒸散发呈单峰型模式，在生长季高于非生长季(图 3-9A)。此外，由于热扩散探针监测设备的故障，导致本研究中生长季的冠层蒸腾监测数据存在部分缺失(图 3-9C)。

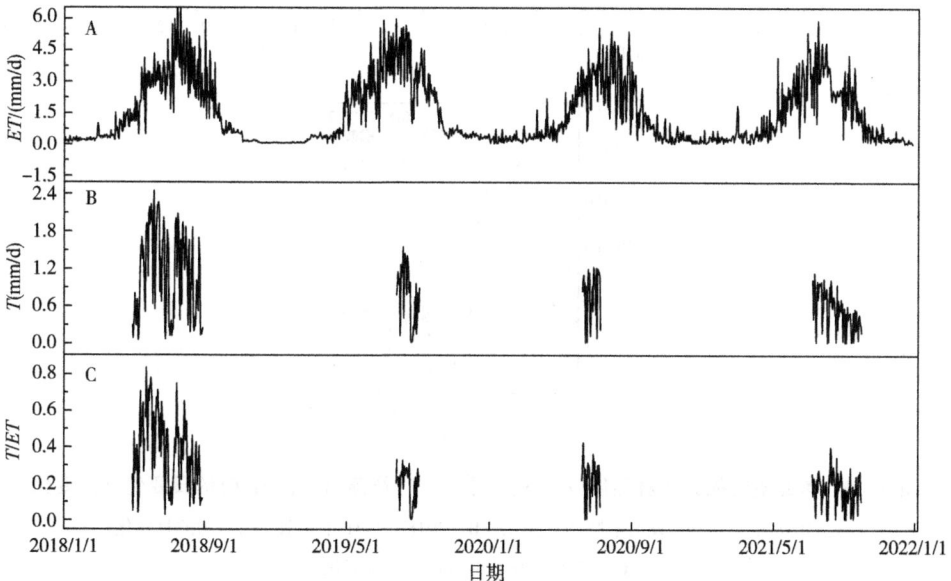

图 3-9　2018—2021 年间华北落叶松人工林蒸散发、蒸腾及蒸腾比的年际变化

A：蒸散发；B：蒸腾；C：蒸腾比

本研究选取 2018 年 7 月这一典型时段分析了蒸散发与蒸腾的日变化特征(图 3-10A)。蒸散发与蒸腾均呈单峰型变化模式(峰值分别出现在 13：00 和 12：00)，其中夜间蒸腾值接近 0mm/30min，而蒸散发为 0.03~0.05mm/30min(图 3-10A)。在月尺度上，蒸散发与蒸腾同样呈现单峰趋势，蒸散发的最大值出现在 7 月(3.55mm/d)，而蒸腾最大值出现在 5 月(1.18mm/d)(图 3-10B)。在生长季内，蒸腾比与蒸腾的变化趋势相似。由于蒸腾仅包括林冠层植被的蒸腾量，不包括林下植被的蒸腾量，因此在生长季蒸腾比的均值为 0.25，最大值出现在 5 月(0.47)，其次是 6 月(0.34)，其余月份蒸腾比较为稳定，其比值在 0.18~0.24(图 3-10C)。

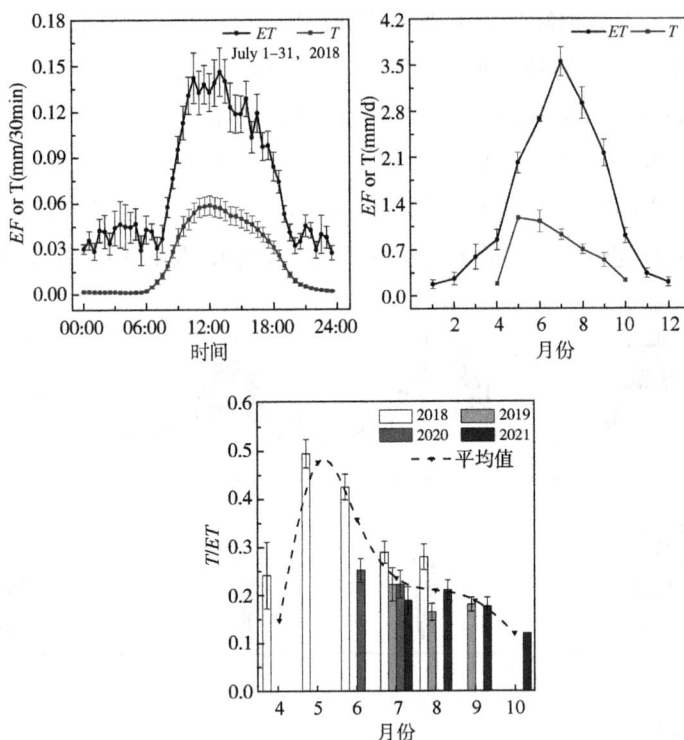

图 3-10 华北落叶松人工林蒸散发(ET)、蒸腾(T)及蒸腾比(T/ET)的日变化与月变化

A：2018 年 7 月蒸散发与蒸腾的日变化；B：2018—2021 年蒸散发与蒸腾的月变化；

C：2018—2021 年蒸腾比的月变化

3.3.8 环境因子与水通量、地表导度和冠层导度的关系

通过多元逐步回归分析，本研究探究了生长季内影响水通量(蒸散发、蒸腾及蒸腾比)、地表导度和冠层导度变化的环境驱动因子(表 3-3)。研究结果表明，蒸散发的主要驱动因子为空气温度、土壤温度和净辐射，其中空气温度与土壤温度对生长季蒸散发的影响最大；蒸腾的主要驱动因子为饱和水汽压差，其次为净辐射和土壤温度，其偏相关系数分别为 0.64、0.31 和 0.24；蒸腾比的主要驱动因子为饱和水汽压差和净辐射，其偏相关系数分别为 0.42 和 0.19；地表导度的主要驱动因子为空气温度、饱和水汽压差、净辐射、土壤温度及降水，

其中饱和水汽压差与降水对地表导度呈负相关(偏相关系数分别为-0.17、-0.13),而土壤温度、空气温度及净辐射则为正相关(偏相关系数分别为0.36、0.23、0.18),且土壤温度为地表导度的最关键控制因子;冠层导度仅受饱和水汽压差的显著影响(偏相关系数0.28)。

3.4　讨　论

3.4.1　华北落叶松人工林生态系统能量通量特征

潜热通量反映了水的蒸散发情况,感热通量反映了地表与大气之间的能量交换(van Dijke et al., 2020)。植被物候变化是影响潜热通量与感热通量季节变化的主要因素(Admiral et al., 2006;Giambelluca et al., 2009;Zhang et al., 2016a)。本研究表明,潜热通量与感热通量的时间序列并不完全同步,感热通量在生长季初期达到峰值,而潜热通量的峰值则滞后出现。这一现象表明,华北落叶松人工林的高蒸散发速率会导致林内气温与饱和水汽压差降低,进而导致在生长季后期的感热通量降低(Blanken et al., 2001;Rodrigues et al., 2014;Biudes et al., 2015;da Silva et al., 2021)。

基于热力学第一定律与地表能量平衡理论,湍流通量之和应等于可用能量(Dare-Idowu et al., 2021)。然而,涡动相关系统的能量不闭合现象普遍存在,在以往大多数的研究中都观测到了能量不闭合的现象(Wilson et al., 2002;Liu et al., 2011;Xu et al., 2020)。本研究也观测到能量不闭合现象,华北落叶松人工林年平均能量闭合率为0.56(范围为0.52~0.62)。本研究中观测到的能量闭合水平与其他使用涡动相关法在森林生态系统中研究的能量闭合水平相当(Biudes et al., 2015;Dalmagro et al., 2019;da Silva et al., 2021)。因此,涡动相关法观测可能低估了全天的净能量收支(da Silva et al., 2021)。能量不闭合的主要原因包括:①地表热通量特征主要受辐射和林冠结构的影响(Dare-Idowu et al., 2021),忽略了冠层和土壤中储存的能量以及光合作用消耗的能量(Varmaghani et al., 2016;Zanella De Arruda et al., 2016;Eshonkulov et al., 2019;da Silva et al., 2021)。②近期研究表明,单站点的涡动相关系统难以捕获大尺度涡旋和二次环流,这可能是能量不闭合的主要原因(Foken, 2008;Foken et al., 2010;Liu et al., 2011;Mauder et al., 2020),但上述推论有待未来进一步验证。此外,能量闭合率的结果显示,生长季节的能量闭合率高于非生长季节。造成这一现象的主要原因是在生长季乔木植被和草本植被的叶面积指数都较高，从而增强了地表覆盖均匀性，提高了涡动相关系统的观测性能（Campos et al.，2019；da Silva et al.，2021）。

3.4.2 华北落叶松人工林生态系统能量分配特征

潜热通量和感热通量通过蒸发比联系起来，蒸发比是衡量水的蒸散发和表面能量分配的重要参数（Jia et al.，2016；Gao et al.，2018）。其定义为 LE 与（LE+H）的比值（van Dijke et al.，2020），对地表能量分配格局具有重要调控作用（Jia et al.，2016；Gao et al.，2018）。本研究结果表明，蒸发比和土壤水分含量在本研究中没有显著相关性，表明华北落叶松人工林生态系统未受水分胁迫。在年尺度上，本研究蒸发比的平均值为 0.43，而生长季（5~10 月）平均蒸发比升至 0.68，与 Gao 等（2018）在黄土高原的观测结果接近。生长季的潜热通量分配较非生长季大幅增加，说明本研究区植被生长对潜热通量分配有显著影响。

Priestley-Taylor 系数 α 表示大气条件或水分可利用性对蒸散发的调控作用（da Silva et al.，2021），Priestley-Taylor 系数 α 并非在任何时候都是恒定的，而是在一年中随着季节而变化的。本研究中平均 Priestley-Taylor 系数 α 具有明显的季节变化趋势，冬季（旱季）较低，夏季（雨季）较高。本研究的 α 年平均值（0.74）低于 Priestley and Taylor（1972）提出的水分充分供给理论值 1.26，但与 da Silva 等（2021）的观测结果相近。在 6~9 月期间，Priestley-Taylor 系数 α 值介于 1.19~1.27，表明在 6~9 月研究区生态系统水分供应充足，这与同期降水量增加有关。此外，Priestley-Taylor 系数 α 与温度（空气温度和土壤温度）呈正相关关系，随温度升高而增大。已有大量研究证实，Priestley-Taylor 系数 α 的时空差异主要受土壤湿度、气温、植被状况及能量通量的共同影响（Guo et al.，2015；da Silva et al.，2021）。

净辐射在潜热通量与感热通量之间的分配显著影响大气中热量与水汽的垂直输送过程（Biudes et al.，2015；da Silva et al.，2021）。本研究结果表明，在整个研究期内，潜热通量与感热通量占净辐射的比例存在明显的季节变化趋势。研究结果表明，在生长季（5~9 月）潜热通量占净辐射的比例平均为 0.42，表明本研究区该时期的净辐射主要被潜热通量消耗。此外，感热通量占净辐射的比例在生长季低于非生长季，而潜热通量占净辐射的比例则呈相反趋势。生长季潜热通量占净辐射的比例高于非生长季，主要是由于植物蒸腾作用增加所致（O'Brien et al.，2018；Dare-Idowu et al.，2021）。因此，植被特征的变化对潜热通量与感热通量的分配有很大的影响。1~4月植物处于休眠期，能量消耗以感热通量为主，分配给潜热通量的净辐射比例较小。

此外，在本研究中，土壤热通量对能量平衡的贡献很小，这与以往在森林、草地等不同生态系统中观测到的研究结果一致（Zhu et al.，2014；You et al.，2017；Gao et al.，2018）。在本研究中全年土壤热通量占净辐射的比例平均值为-0.03，小于生长季（5~10月）的0.03，该差异主要受净辐射与温度变化的影响。此外，土壤热通量受土壤水分含量的调节，土壤水分含量的增加提高了土壤导热系数，并降低了土壤反照率，从而提升土壤能量吸收效率（Dare-Idowu et al.，2021）。因此，这些结果表明，通量测量源区的气候环境、植被物候和土壤水分含量是本研究区地表能量收支的主要调控因子。

3.4.3 华北落叶松人工林生态系统水通量特征

蒸散发作为森林生态系统水分消耗的主要部分，对区域水量平衡具有重要的调控作用，其过程主要包括植被蒸腾、土壤蒸发及冠层截留水损失等（Good et al.，2015；Cristiano et al.，2020）。本研究中，2018—2021年蒸散发累积总量分别为545.8mm、568.5mm、456.8mm和468.1mm，同期降水量分别为681.6mm、683.2mm、553.5mm和548.1mm。由此可见，华北落叶松人工林生态系统累积蒸散发占年降水的绝大部分，大约82%的降水通过蒸散发的形式（包括土壤蒸发、林下植被蒸腾及冠层截留水蒸发）又返回大气。已有研究表明，陆地生态系统蒸散发占降水量的50%~90%之间（Li et al.，2010；Cristiano et al.，2020），本研究结果也在此观测范围内。

华北落叶松在生长季的水通量与能量分配格局主导了蒸散发的分配（Liu et al.，2020）。研究结果表明，5月份蒸腾量最大（1.18mm/d），对应的蒸腾比也最大（0.49）。而生长季其他月份的平均蒸腾比均小于5月，其变化范围在0.18~0.34之间。此外，我们前期的研究也发现，华北落叶松人工林生态系统年蒸腾耗水量约为151.05mm，仅占生长季降水的24.84%（Han et al.，2019）。值得注意的是，生长季夜间蒸散发约为0.03~0.05mm/30min，夜间蒸腾量接近0mm/30min。综上表明，华北落叶松人工林生态系统的蒸散发主要来源于土壤蒸发、林下植被蒸腾及冠层截留水蒸发。

蒸腾比能够反映植被蒸腾在生态系统中水分消耗中的程度（Liu et al.，2020）。本研究发现，整个生长季平均蒸腾比约为0.28，其中5月达最大值（0.49）。5月气温相对较低，导致蒸发较弱，而树木在速生期蒸腾作用较强，导致蒸腾比增大。植被物候作为一种适应当地气候的策略，也是影响华北落叶松人工林蒸腾的主要因素。相反，较高的温度使 7~8 月的蒸散发显著增加，导致蒸腾比降低。本研究结果低于北方森林全球均值(0.65)，但接近干旱区生态系统水平(0.51)(Schlesinger and Jasechko，2014)，与中国西北半干旱区的环境特征相吻合。此外，地表导度(G_s)和冠层导度(G_c)反映了地表和植被的水分耗散过程，在土壤和植被界面的水热交换过程中起着关键调控作用(Bai et al.，2015；Xu et al.，2020)。在本研究中，地表导度始终大于冠层导度，这与蒸散发始终高于蒸腾的观测结果是一致的。本研究的地表导度和冠层导度值与 da Silva 等(2021)和 Bai 等(2015)的研究结果相似。

3.4.4 华北落叶松人工林生态系统水通量与环境因子的关系

由于调控蒸散发和蒸腾的机制不同，它们对环境因子的响应也不同(Kool et al.，2014；Wagle et al.，2020)。在本研究中，蒸散发和蒸腾表现出一致的季节性变化规律，但受到不同环境因子的影响。蒸散发主要受空气温度、土壤温度和净辐射的影响，且蒸散发与空气温度、土壤温度之间存在较强的正相关关系。这种现象主要是由于随着净辐射和土壤温度的上升，植被蒸腾和土壤蒸发也随之增加。然而，在生长季，空气温度和降水对蒸腾的影响并不显著，而显著影响蒸腾变化的主要因素是饱和水汽压差、土壤温度和净辐射，在以往的研究中也发现了类似的结果(Zhang et al.，2016a；García et al.，2017)。另外，这一结果可以通过华北落叶松人工林冠层导度的变化来解释，在生长季期间，随着饱和水汽压差和空气温度的增加，其气孔导度的增加和净光合速率的提高，导致蒸腾的显著增加(Dalmagro et al.，2014；Dalmolin et al.，2014；da Silva et al.，2021)。影响地表导度的主要环境因子是空气温度和土壤温度，主要原因是随着温度的升高(空气温度和土壤温度)，导致土壤蒸发量和植被蒸腾量增加，对蒸散发产生显著的影响。然而，而影响冠层导度的主要环境因子是饱和水汽压差，这与 Bai 等(2015)的研究结果一致。

值得注意的是，空气温度对蒸腾作用并没有显著影响，这可能主要是由于华北落叶松人工林的研究区海拔高且气温低，整个生长季的最高日平均气温约为 17℃。因此，华北松林在整个生长季节的水分消耗都较低。此外，我们之前的研究结果还表明，在整个生长季节，林冠蒸腾并不随着温度的升高而降低或停滞，即不存在明显的"光合午休"现象(Han et al.，2019)，这也进一步证实了本研究中华北落叶松人工林蒸腾作用与空气温度并没有显著相关性的结果。

3.5　小　结

本研究以西北半干旱区华北落叶松人工林生态系统为研究对象，研究了西北半干旱区山地生态系统华北落叶松人工林的水通量和能量通量及其分配特征，水通量和能量通量的生理/物理控制和调节机制，以及能量通量和水通量在不同时间尺度下的变化规律。主要结论如下：①华北落叶松人工林生态系统的年蒸散发量在 7 月达到最大值，而蒸腾量在 5 月达到峰值。年平均蒸散发量约为510mm，约占年降水量的 82.8%，整个生长季的平均蒸腾比约为 0.25。因此，土壤蒸发和林下植被蒸腾是蒸散发量的主要组成部分，而非林冠蒸腾。②在日尺度和月尺度上，地表导度始终高于冠层导度。生长季的蒸发比和 Priestley-Taylor 模型系数 α 均显著高于非生长季，并在 7~8 月达到最大值（EF 和 α 分别为 0.82 和 1.27），而相应的波文比（β）仅约为 0.22。这一结果表明，生态系统中更多的能量以潜热通量的形式消耗，这主要源于土壤蒸发和林下植被蒸腾。③植被冠层的蒸散发显著受空气温度和土壤温度的影响。在生长季（5~10 月），潜热通量高于非生长季，而感热通量则恰好相反。此外，在植被生长期（5~9月），潜热通量占净辐射比例的平均值（0.42）高于感热通量占净辐射比例的平均值（0.21），相应的波文比约为 0.50，表明在生长季潜热通量占可用能量的比例高于感热通量。在该地区土壤热通量占净辐射的比例最小，生长季土壤热通量占净辐射的比例仅约为 0.20。综上所述，本研究结果通过阐明西北半干旱山地生态系统华北落叶松人工林的水通量和能量通量特征，进一步提高了对流域水资源管理和植被恢复的认识。

参考文献

梁椿焗，马景永，杨睿智，等，2018. 毛乌素沙地油蒿灌丛 Priestley-Taylor 模型系数研究[J]. 北京林业大学学报，40(12)：1-8.

ADMIRAL S W, LAFLEUR P M, ROULET N T, 2006. Controls on latent heat flux and energy partitioning at a peat bog in eastern Canada[J]. Agric. For. Meteorol, 140：308-321.

ALEMOHAMMAD S H, FANG B, KONINGS A G, et al. , 2017. Water, energy, and carbon with artificial neural networks (WECANN): a statistically based estimate of global surface turbulent fluxes and gross primary productivity using solar-induced fluorescence[J]. Biogeosciences, 14: 4101-4124.

ALVES J D N, RIBEIRO A, RODY Y P, et al. , 2021. Carbon uptake and water vapor exchange in a pasture site in the Brazilian Cerrado [J] . J. Hydrol, 594: 125943.

ASBJORNSEN H, GOLDSMITH G R, ALVARADO-BARRIENTOS M S, et al. , 2011. Ecohydrological advances and applications in plant-water relations research: a review[J]. Journal of Plant Ecology, 4: 3-22.

BAI Y, ZHU G, SU Y, et al. , 2015. Hysteresis loops between canopy conductance of grapevines and meteorological variables in an oasis ecosystem[J]. Agric. For. Meteorol, 214-215: 319-327.

BAJGAIN R, XIAO X M, BASARA J, et al. , 2018. Carbon dioxide and water vapor fluxes in winter wheat and tallgrass prairie in central Oklahoma[J]. Sci. Total Environ, 644: 1511-1524.

BALDOCCHI D, 2014. Measuring fluxes of trace gases and energy between ecosystems and the atmosphere-the state and future of the eddy covariance method[J]. Glob Chang Biol, 20: 3600-3609.

BERKELHAMMER M, NOONE D C, WONG T E, et al. , 2016. Convergent approaches to determine an ecosystem´s transpiration fraction[J]. Global Biogeochem, Cycles 30: 933-951.

BIUDES M S, VOURLITIS G L, MACHADO N G, et al. , 2015. Patterns of energy exchange for tropical ecosystems across a climate gradient in Mato Grosso, Brazil [J]. Agric. For. Meteorol, 202: 112-124.

BLANKEN P D, BLACK A, NEUMANN H, et al. , 2001. The seasonal water and energy exchange above and within a boreal aspen forest [J] . J. Hydrol. , 245: 118-136.

BRÜMMER C, BLACK T A, JASSAL R S, et al. , 2012. How climate and vegetation type influence evapotranspiration and water use efficiency in Canadian forest, peatland and grassland ecosystems[J]. Agric. For. Meteorol, 153: 14-30.

CAMPOS S, MENDES K R, dA SILVA L L, et al. , 2019. Closure and partitioning of the energy balance in a preserved area of a Brazilian seasonally dry tropical forest [J]. Agric. For. Meteorol, 271: 398-412.

CHI J, ZHAO P, KLOSTERHALFEN A, et al. , 2021. Forest floor fluxes drive differences in the carbon balance of contrasting boreal forest stands [J]. Agric. For. Meteorol, 306: 208454.

COULTER R, PEKOUR M, COOK D, et al. , 2006. Surface energy and carbon dioxide fluxes above different vegetation types within ABLE[J]. Agric. For. Meteorol, 136: 147-158.

CRISTIANO P M, DÍAZ VILLA M V E, DE DIEGO M S, et al. , 2020. Carbon assimilation, water consumption and water use efficiency under different land use types in subtropical ecosystems: from native forests to pine plantations [J]. Agric. For. Meteorol, 291: 108094.

DA SILVA J B, VALLE JUNIOR L C G, FARIA T O, et al. , 2021. Temporal variability in evapotranspiration and energy partitioning over a seasonally flooded scrub forest of the Brazilian Pantanal[J]. Agric. For. Meteorol, 308-309.

Dalmagro H J, DE LOBO F A, VOURLITIS G L, et al. , 2014. The physiological light response of two tree species across a hydrologic gradient in *Brazilian savanna* (Cerrado) [J]. Photosynthetica, 52: 22-35.

DALMAGRO H J, ZANELLA DE ARRUDA P H, VOURLITIS G L, et al. , 2019. Radiative forcing of methane fluxes offsets net carbon dioxide uptake for a tropical flooded forest[J]. Glob Chang Biol. , 25: 1967-1981.

DALMOLIN Â C, DE ALMEIDA LOBO F, VOURLITIS G, et al. , 2014. Is the dry season an important driver of phenology and growth for two *Brazilian savanna* tree species with contrasting leaf habits? [J]. Plant Ecol. 216: 407-417.

DARE-IDOWU O, BRUT A, CUXART J, et al. , 2021. Surface energy balance and flux partitioning of annual crops in southwestern France[J]. Agric. For. Meteorol, 308-309: 108529.

ESHONKULOV R, POYDA A, INGWERSEN J, et al. , 2019. Improving the energy balance closure over a winter wheat field by accounting for minor storage terms [J]. Agric. For. Meteorol, 264: 283-296.

FENG J, LIU H, 2016. Response of evapotranspiration and CO_2 fluxes to discrete precipitation pulses over degraded grassland and cultivated corn surfaces in a semiarid area of Northeastern China[J]. J. Arid Environ. , 127: 137-147.

FOKEN T, 2008. The energy balance closure problem: an overview[J]. Ecol. Appl. , 18: 1351-1367.

FOKEN T, MAUDER M, LIEBETHAL C, et al. , 2010. Energy balance closure for the LITFASS-2003 experiment[J]. Theor. Appl. Clim. , 101: 149-160.

GAO X, MEI X, GU F, et al. , 2018. Evapotranspiration partitioning and energy budget in a rainfed spring maize field on the Loess Plateau, China[J]. Catena, 166: 249-259.

GARCÍA A G, DI BELLA C M, HOUSPANOSSIAN J, et al. , 2017. Patterns and controls of carbon dioxide and water vapor fluxes in a dry forest of central Argentina [J]. Agric. For. Meteorol, 247: 520-532.

GHIMIRE C P, LUBCZYNSKI M W, BRUIJNZEEL L A, et al. , 2014. Transpiration and canopy conductance of two contrasting forest types in the Lesser Himalaya of Central Nepal[J]. Agric. For. Meteorol, 197: 76-90.

GIAMBELLUCA T W, SCHOLZ F G, BUCCI S J, et al., 2009. Evapotranspiration and energy balance of Brazilian savannas with contrasting tree density [J]. Agric. For. Meteorol, 149: 1365-1376.

GOOD S P, NOONE D, BOWEN G, 2015. Hydrologic connectivity constrains partitioning[J]. Science, 349: 175-177.

GUO X, LIU H, YANG K, 2015. On the application of the priestley-taylor relation on sub-daily time scales[J]. Boundary-Layer Meteorology, 156: 489-499.

HAN C, CHEN N, ZHANG C, et al. , 2019. Sap flow and responses to meteorological about the *Larix principis-rupprechtii* plantation in Gansu Xinlong mountain, northwestern China[J]. For. Ecol. Manag, 451: 117519.

HAYAT M, IQBAL S, ZHA T, et al., 2021. Biophysical control on nighttime sap flow in Salix psammophila in a semiarid shrubland ecosystem[J]. Agric. For. Meteorol, 300: 108329.

HE Q, YAN M, MIYAZAWA Y, et al. , 2020. Sap flow changes and climatic responses over multiple-year treatment of rainfall exclusion in a sub-humid black locust plantation[J]. For. Ecol. Manag, 457: 117730.

ISABELLE P-E, NADEAU D F, ANCTIL F, et al., 2020. Impacts of high precipitation on the energy and water budgets of a humid boreal forest [J].

Agric. For. Meteorol, 280: 107803.

JASECHKO S, SHARP Z D, GIBSON J J, et al., 2013a. Terrestrial water fluxes dominated by transpiration[J]. Nature, 496: 347-350.

JASECHKO S, SHARP Z D, GIBSON J J, et al., 2013b. Terrestrial water fluxes dominated by transpiration[J]. Nature, 496: 347-350.

JIA X, ZHA T S, GONG J N, et al., 2016. Energy partitioning over a semi-arid shrubland in northern China[J]. Hydrological Processes, 30: 972-985.

JIAN S, ZHAO C, FANG S, et al., 2015. Effects of different vegetation restoration on soil water storage and water balance in the Chinese Loess Plateau [J]. Agric. For. Meteorol, 206: 85-96.

KATUL G G, OREN R, MANZONI S, et al., 2012. Evapotranspiration: a process driving mass transport and energy exchange in the soil-plant-atmosphere-climate system[J]. Reviews of Geophysics, 50: RG3002.

KOOL D, AGAM N, LAZAROVITCH N, et al., 2014. A review of approaches for evapotranspiration partitioning[J]. Agric. For. Meteorol, 184: 56-70.

KOZII N, HAAHTI K, TOR-NGERN P, et al., 2020. Partitioning growing season water balance within a forested boreal catchment using sap flux, eddy covariance, and a process-based model [J]. Hydrology and Earth System Sciences, 24: 2999-3014.

LEUNING R, ZHANG Y Q, RAJAUD A, et al., 2008. A simple surface conductance model to estimate regional evaporation using MODIS leaf area index and the Penman-Monteith equation[J]. Water Resour. Res, 44: W10419.

LI H, WANG C, ZHANG F, et al., 2021. Atmospheric water vapor and soil moisture jointly determine the spatiotemporal variations of CO_2 fluxes and evapotranspiration across the Qinghai-Tibetan Plateau grasslands[J]. Sci. Total Environ, 791: 148379.

LI Z, ZHANG Y, WANG S, et al., 2010. Evapotranspiration of a tropical rain forest in Xishuangbanna, southwest China [J]. Hydrological Processes, 24: 2405-2416.

LIU S M, XU Z W, WANG W Z, et al., 2011. A comparison of eddy-covariance and large aperture scintillometer measurements with respect to the energy balance closure problem[J]. Hydrology and Earth System Sciences, 15: 1291-1306.

MA J, JIA X, ZHA T, et al., 2019. Ecosystem water use efficiency in a young plantation in Northern China and its relationship to drought[J]. Agric. For. Meteorol, 275: 1-10.

MA J, ZHA T, JIA X, et al., 2018. Energy and water vapor exchange over a young plantation in northern China[J]. Agric. For. Meteorol, 263: 334-345.

MAUDER M, CUNTZ M, DRÜE C, et al., 2013. A strategy for quality and uncertainty assessment of long-term eddy-covariance measurements [J]. Agric. For. Meteorol, 169: 122-135.

MAUDER M, FOKEN T, CUXART J, 2020. Surface-energy-balance closure over land: a review[J]. Boundary-Layer Meteorology, 177: 395-426.

MAXWELL R M, CONDON L E, 2016. Connections between groundwater flow and transpiration partitioning[J]. Science, 353: 377-380.

MU Y, YUAN Y, JIA X, et al., 2022. Hydrological losses and soil moisture carryover affected the relationship between evapotranspiration and rainfall in a temperate semiarid shrubland[J]. Agric. For. Meteorol, 315: 108831.

O'BRIEN P L, DESUTTER T M, CASEY F X M, et al., 2018. Daytime surface energy fluxes over soil material remediated using thermal desorption[J]. Agrosystems, Geosciences & Environment, 1: 1-9.

PRIESTLEY C H B, TAYLOR R J, 1972. On the assessment of surface heat flux and evaporation using large-scale parameters [J]. Monthly Weather Review, 100: 81-92.

RESTREPO-COUPE N, ALBERT L P, LONGO M, et al., 2021. Understanding water and energy fluxes in the Amazonia: Lessons from an observation-model intercomparison[J]. Global Change Biology, 27: 1802-1819.

RODRIGUES T R, VOURLITIS G L, LOBO F d A, et al., 2014. Seasonal variation in energy balance and canopy conductance for a tropical savanna ecosystem of south central Mato Grosso, Brazil[J]. Journal of Geophysical Research: Biogeosciences, 119: 1-13.

SCANLON T M, SCHMIDT D F, SKAGGS T H, 2019. Correlation-based flux partitioning of water vapor and carbon dioxide fluxes: method simplification and estimation of canopy water use efficiency[J]. Agric. For. Meteorol, 279: 107732.

SCHLESINGER W H, JASECHKO S, 2014. Transpiration in the global water cycle

[J]. Agric. For. Meteorol, 189-190: 115-117.

SHAO J, ZHOU X, LUO Y, et al., 2015. Biotic and climatic controls on interannual variability in carbon fluxes across terrestrial ecosystems[J]. Agric. For. Meteorol, 205: 11-22.

SULMAN B N, ROMAN D T, SCANLON T M, et al., 2016. Comparing methods for partitioning a decade of carbon dioxide and water vapor fluxes in a temperate forest[J]. Agric. For. Meteorol, 226: 229-245.

TAN Z-H, ZHAO J-F, WANG G-Z, et al., 2019. Surface conductance for evapotranspiration of tropical forests: Calculations, variations, and controls[J]. Agric. For. Meteorol, 275: 317-328.

TONG Y, WANG P, LI X-Y, et al., 2019. Seasonality of the transpiration fraction and its controls across typical ecosystems within the Heihe River Basin[J]. Journal of Geophysical Research: Atmospheres, 124: 1277-1291.

TRENBERTH K E, FASULLO J T, KIEHL J, 2009. Earth's global energy budget [J]. Bulletin of the American Meteorological Society, 90: 311-324.

VAN DIJKE A J H, MALLICK K, SCHLERF M, et al., 2020. Examining the link between vegetation leaf area and land-atmosphere exchange of water, energy, and carbon fluxes using FLUXNET data[J]. Biogeosciences, 17: 4443-4457.

VARMAGHANI A, EICHINGER W E, PRUEGER J H, 2016. A diagnostic approach towards the causes of energy balance closure problem[J]. Open Journal of Modern Hydrology, 06: 101-114.

WAGLE P, SKAGGS T H, GOWDA P H, et al., 2020. Flux variance similarity-based partitioning of evapotranspiration over a rainfed alfalfa field using high frequency eddy covariance data[J]. Agric. For. Meteorol, 285-286: 107907.

WANG H, LI X, XIAO J, et al., 2021a. Evapotranspiration components and water use efficiency from desert to alpine ecosystems in drylands[J]. Agric. For. Meteorol, 298-299: 108283.

WANG W, WANG X, HUO Z, et al., 2021b. Variation and attribution of water use efficiency in sunflower and maize fields in an irrigated semi-arid area[J]. Hydrological Processes, 35: e14080.

WANG Y, MA Y, LI H, et al., 2020. Carbon and water fluxes and their coupling in an alpine meadow ecosystem on the northeastern Tibetan Plateau[J]. Theor. Appl. Clim,

142: 1-18.

WEBB E K, PEARMAN G L, LEUNING R, 1980. Correction of the flux measurements for density effects due to heat and water vapour transfer[J]. Quarterly Journal of the Royal Meteorological Society, 106: 85-100.

WILSON K, GOLDSTEIN A, FALGE E, et al., 2002. Energy balance closure at fluxnet sites[J]. Agric. For. Meteorol, 113: 223-243.

WUTZLER T, LUCAS-MOFFAT A, MIGLIAVACCA M, et al., 2018. Basic and extensible post-processing of eddy covariance flux data with REddyProc[J]. Biogeosciences, 15: 5015-5030.

XU Z, LIU S, ZHU Z, et al., 2020. Exploring evapotranspiration changes in a typical endorheic basin through the integrated observatory network[J]. Agric. For. Meteorol, 290: 108010.

YOU Q, XUE X, PENG F, et al., 2017. Surface water and heat exchange comparison between alpine meadow and bare land in a permafrost region of the Tibetan Plateau[J]. Agric. For. Meteorol, 232: 48-65.

ZANELLA DE ARRUDA P H, VOURLITIS G L, SANTANNA F B, et al., 2016. Large net CO_2 loss from a grass-dominated tropical savanna in south-central Brazil in response to seasonal and interannual drought[J]. Journal of Geophysical Research: Biogeosciences, 121: 2110-2124.

ZHANG Q, SUN R, JIANG G, et al., 2016a. Carbon and energy flux from a Phragmites australis wetland in Zhangye oasis-desert area, China[J]. Agric. For. Meteorol, 230-231: 45-57.

ZHANG Y, ZHAO W, HE J, et al., 2016b. Energy exchange and evapotranspiration over irrigated seed maize agroecosystems in a desert-oasis region, northwest China[J]. Agric. For. Meteorol, 223: 48-59.

ZHU G, LU L, SU Y, et al., 2014. Energy flux partitioning and evapotranspiration in a sub-alpine spruce forest ecosystem[J]. Hydrological Processes, 28: 5093-5104.

ZHU G, ZHANG K, LI X, et al., 2016. Evaluating the complementary relationship for estimating evapotranspiration using the multi-site data across north China[J]. Agric. For. Meteorol, 230-231: 33-44.

第 4 章

华北落叶松人工林碳通量特征及其影响因素

4.1 引 言

全球碳库主要由大气碳库、陆地碳库、海洋碳库和岩石圈碳库组成，其中陆地生态系统是全球最主要的碳库。根据联合国粮食及农业组织 2020 年全球森林资源评估结果，全球森林生态系统面积约为 40.6 亿 hm^2，覆盖了陆地生态系统约 1/3 的面积，储存了陆地生态系统约 90% 的碳（Le Quéré et al.，2018）。全球森林生态系统的碳贮量约占全球植被碳贮量的 77%，2008—2017 年间，森林生态系统的年平均固碳量约为（3.5±1.0）PgC（Collalti et al.，2020）。旱区生态系统占地球陆地生态系统的 40% 左右（Yuan et al.，2014；Gao et al.，2018），覆盖约 61 亿 hm^2 的土地，在全球碳循环中发挥着重要作用（Wang et al.，2019；Zhou et al.，2020）。干旱地区的森林面积占全球的 18%，近 1/3 的旱区有森林的覆盖，可见森林作为旱区生态系统碳库的重要性（Carvalhais et al.，2014）。

此外，森林生态系统在全球碳循环和水循环过程中发挥着重要作用（Tong et al.，2014；Lindroth et al.，2020）。目前，在全球热带、温带和寒带森林生态系统碳、水通量研究方面投入了大量的研究，并取得了大量的研究成果（Tang et al.，2012；Tang et al.，2017）。有研究表明，气候变暖导致北半球中高纬度针叶林生长季延长，使其固碳能力显著增强（Piao et al.，2007；Thurner et al.，2013；Tang et al.，2017）。然而，也有专家预测，随着全球气候的变暖，森林生态系统呼吸（ecosystem respiration，RECO）增强，将释放出更多的二氧化碳，特别是北半球高纬度地区的针叶林，并在 21 世纪末可能从碳汇转变为碳源（Gauthier et al.，2015；Zagirova et al.，2020）。然而，目前关于西北半干旱区针叶林生态系统碳、水通量的研究却很少。因此，研究西北半干旱区针叶林生态系统的碳、水通量的变化动态，将有助于我们更好地理解和预测气候变化背景下西北半干旱区针叶林生态系统碳收支情况和碳水耦合的变化动态。

不同森林生态系统的碳交换和蒸散发过程对环境因子的响应因其生理过程的差异而不同，进而会导致不同森林生态系统的碳收支情况和水循环动态的差异（Nosetto et al.，2020）。因此，在全球气候变化背景下，了解森林生态系统碳、水通量的变化规律及其驱动因素具有重要意义。蒸散发（evapotranspiration，

ET)作为森林生态系统水循环过程的重要组成部分，调节着陆地与大气之间的能量交换和碳、水通量(Jasechko et al. ，2013；Liu et al. ，2020；van Dijke et al. ，2020)。植被与大气之间的 CO_2 交换与水循环密切相关，受地上和地下生物及物理过程的影响(Yu et al. ，2016；Potts et al. ，2019)。净生态系统交换(net ecosystem exchange，NEE)是生态系统通过植物光合作用吸收的 CO_2 与植物和土壤微生物呼吸释放的 CO_2 的差值(Potts et al. ，2019)，总初级生产力(gross primary productivity，GPP)是植物通过光合作用所固定的碳总量(Beer et al. ，2010；Vanikiotis et al. ，2021)，生态系统呼吸(RECO)包括植被呼吸、土壤自养呼吸和异氧呼吸、土壤动物呼吸等释放的 CO_2，可消耗超过50%的总初级生产力，在全球陆地生态系统碳平衡中起着关键作用(Baldocchi et al. ，2015；Jia et al. ，2020)。由于蒸散发、净生态系统交换、总初级生产力和生态系统呼吸的变化显著受到环境因素(如温度、湿度、辐射等)和生物因素(如冠层光合作用、植物生长节律和微生物活性等)的调控(Curiel et al. ，2004；Huang et al. ，2017；Zhang et al. ，2018；Jia et al. ，2020)，全球气候变化可能对其产生重大影响。因此，了解西北半干旱区森林生态系统的蒸散发、净生态系统交换、总初级生产力和生态系统呼吸对环境因子的响应，对评估气候变化背景下西北半干旱区森林生态系统的碳汇潜力和碳水耦合机制具有重要意义(Sharma et al. ，2019；Alves et al. ，2021)。

　　碳、水循环及其耦合过程是决定半干旱区森林生态系统碳收支和水量平衡的核心(Yu et al. ，2016)。水分利用效率(water use efficiency，WUE)是连接生态系统碳循环和水循环的纽带，揭示了陆地生态系统固碳与耗水之间的相互关系(Yu et al. ，2008；Keenan et al. ，2013；Wang et al. ，2020b)。在林分和生态系统水平上，水分利用效率定义为总初级生产力与蒸散发的比值(Yu et al. ，2008；Zhou et al. ，2018；Kim et al. ，2021)。水分利用效率反映了不同物种或不同生境下植物的用水策略，可用于评价水资源对陆地生态系统碳汇/源功能的影响(Yu et al. ，2008；Wang et al. ，2020a；Wang et al. ，2020b)。影响生态系统水分利用效率的环境因子包括饱和水汽压差、空气温度、土壤含水量和太阳辐射等(Tong et al. ，2014；Kim et al. ，2021)。Zhou 等(2014)引入了潜在水分利用效率(underlying water use efficiency，uWUE：$uWUE = GPP \times VPD^{0.5}/ET$)，并利用涡动相关数据进行了验证。由于潜在水利用效率充分考虑了饱和水汽压差对碳-水通量耦合过程的非线性影响，可以更好地描述总初级生产力与蒸散发之间的关系，使其得到了广泛的应用，极大地提高了我们对碳-水耦合过程的理解和认识（Zhou et al.，2014；Xie et al.，2016；Bai et al.，2019；Wang et al.，2020b）。此外，生态系统的光能利用率（Light use efficiency，LUE）可以揭示植物固碳能力对光的响应，对揭示植物的碳水耦合机制也具有重要意义（Jenkins et al.，2007；Vanikiotis et al.，2021）。光能利用效率被定义为总初级生产力与光合有效辐射（photosynthetically active radiation，PAR）的比值（Vanikiotis et al.，2021）。因此，研究西北半干旱区森林生态系统的水分利用效率和光能利用效率及其影响因素，有助于我们更好地理解西北半干旱区森林生态系统的碳水耦合机制。

涡动相关法（eddy covariance，EC）已经成为目前研究森林生态系统碳、水通量动态最先进和重要的观测方法，为准确观测森林生态系统碳、水通量提供了便捷的工具和方法（Yu et al.，2016；Nosetto et al.，2020）。该系统包括一个三维超声风速仪，用于测量三维风速和温度的波动，以及一个开路红外气体分析仪，用于测量 CO_2 和水汽密度（García et al.，2017；Wang et al.，2019），可实现精细时间尺度上森林生态系统碳、水通量的长期和连续的定位观测，有助于更好地理解碳、水循环过程对环境变化的响应及其内在机理，实现了半小时时间分辨率净生态系统交换量的动态变化监测（Puche et al.，2019），净生态系统交换量可进一步拆分为总初级生产力和生态系统呼吸两部分。结合蒸散发和气象因子，可以分析生态系统的水分利用效率和光能利用效率（Zhou et al.，2015；Wang et al.，2020b；Lowry et al.，2021）。

在本研究中，采用涡动相关方法（Nosetto et al.，2020；Chi et al.，2021）对中国西北半干旱区华北落叶松人工林生态系统的碳、水通量进行了长期连续定位监测。拟解决以下科学问题：①华北落叶松人工林生态系统净生态系统交换量、生态系统呼吸、总初级生产力和蒸散发的日、月和年际动态；②探究影响华北落叶松人工林净生态系统交换量、生态系统呼吸、总初级生产力和蒸散发的主要环境驱动因子；③研究华北落叶松人工林生态系统水分利用效率、潜在水分利用效率和光能利用效率及其对环境因子的响应。研究结果将有助于理解西北半干旱区华北落叶松人工林生态系统碳水通量、水分利用效率和光能利用效率的环境调控机制，为西北半干旱区华北落叶松人工林的经营管理提供理论支撑，也为实现"碳达峰""碳中和"的目标提供科学依据。

4.2 材料与方法

4.2.1 研究区概况

同第2章,详细信息见表2-1。

4.2.2 植被信息

同第2章,详细信息见表2-1。

4.2.3 碳、水通量及环境因子的监测

采用涡动相关系统测定了华北落叶松人工林生态系统的 CO_2 和 H_2O 通量。该系统包括一个三维超声风速仪和一个开路式红外 CO_2 和 H_2O 气体分析仪(LI-7500DS,LI-COR,Lincoln,NE,USA),以及监测环境因子的其他传感器组成,开路红外气体分析仪用于测量空气中的 CO_2 和 H_2O 浓度,利用垂直风速与水汽浓度、气温和 CO_2 浓度的协方差计算 CO_2 和 H_2O 通量。涡动相关系统传感器安装在冠层上方约 2.5m 处,测量三维风速(u、v 和 w)、超声温度、CO_2 和 H_2O 浓度;同时,同步监测了主要环境因子,包括空气温度、空气相对湿度、四分量辐射、光合有效辐射、土壤温度、空气相对湿度和土壤含水量等。所有通量监测数据使用 CR6 数据采集器(Campbell Scientific,Logan,UT,USA)采集 10Hz 的原始数据,然后计算为 30 分钟的数据。所有环境因子监测数据使用 CR6 数据采集器记录 30 分钟的监测数据,更多仪器设备信息和安装详情见第 3 章表 3-2。

涡动相关系统收集的所有通量数据和气象数据均集成到 Smart Flux 系统(Li-7500DS,LI-COR,USA)中进行数据汇总和处理,该系统系统是一个自动运行的系统,包括一个 GPS 和运行的 EddyPro 7.0.6(LI-COR,USA)程序,用于进一步计算通量数据,包括异常值检测、频率响应校正、温度转换、坐标旋转、WPL 密度校正(Webb et al.,1980),以及所有传感器变量的时间同步等(Li et al.,2021;Wang et al.,2021)。本研究华北落叶松人工林生态系统的碳、水通量监测站点是在 2017 年建立并开始监测,由于建设初期设备故障和供电的问题,导致 2018—2019 年的碳、水通量缺失数据较多,本研究选取了 2020 年完整的监测数据进行研究。

4.2.4 碳、水通量的计算、质量控制和插补

经过 SmartFlux 系统处理过的数据包括 CO_2 通量数据、H_2O 通量数据、气象数据和通量数据质量识别等级等。然后利用 Tovi 2.4.0 软件(LI-COR，USA)(https：//www.licor.com/tovi/#pricing)进行通量数据的质量控制、插补和 CO_2 通量划分等步骤(Wagle et al.，2020a)。主要包括以下步骤：①对通量数据(CO_2 和 H_2O)和气象数据的质量进行检查和异常值的剔除；②使用外部气象数据插补缺失的气象数据；③基于临界摩擦风速阈值剔除临界摩擦风速阈值外的通量数据；④确定通量贡献区，剔除通量贡献区外的通量数据；⑤根据已插补的气象数据插补缺失的通量数据；⑥将净生态系统交换量拆分为总初级生产力和生态系统呼吸。

4.2.5 碳、水通量与环境因子的关系

涡动相关系统可以提供生态系统的净生态系统交换量和蒸散发量，生态系统呼吸和总初级生产力从净生态系统交换量中拆分得出。负的净生态系统交换值被定义为从大气中固定的 CO_2，而正的净生态系统交换量值被定义为向大气排放的 CO_2(Beamesderfer et al.，2020)。净生态系统交换量拆分方法如下：

$$NEE = RECO - GPP \qquad (4-1)$$

生态系统净生产力(net ecosystem productivity，NEP)为负的净生态系统交换量(He et al.，2021；Li et al.，2021)。

$$NEP = -NEE \qquad (4-2)$$

为了探究 CO_2 和 H_2O 通量对环境因子的响应规律，本研究建立了 CO_2 通量(净生态系统交换量、总初级生产力和生态系统呼吸)和 H_2O 通量(蒸散发量)与环境因子的回归模型。

首先，利用指数回归模型分析了温度(空气温度或土壤温度)与 CO_2 和 H_2O 通量的关系(Wang et al.，2019；Wang et al.，2020b)。拟合方程如下：

$$f(x) = a \times e^{bT} \qquad (4-3)$$

式中：T 为空气温度(℃)或土壤温度(℃)；$f(x)$ 表示碳通量(生态系统净生产力、总初级生产力和生态系统呼吸)和水通量(蒸散发)。

然后，探讨了华北落叶松人工林的生态系统呼吸与温度（空气温度和土壤温度）之间的关系。生态系统呼吸的温度敏感性（Q_{10}）是温度每升高10℃时生态系统呼吸增加的倍数（Tong et al.，2012；Wang et al.，2020b），可以表示为：

$$Q_{10} = e^{10b} \tag{4-4}$$

式中：b 为常数。

最后，利用线性回归模型分析了华北落叶松人工林生态系统 CO_2 通量（生态系统净生产力、总初级生产力和生态系统呼吸）和 H_2O 通量（蒸散发）与光合有效辐射、空气相对湿度和饱和水汽压差之间的关系（Wang et al.，2019；Wang et al.，2020b），拟合方程如下：

$$f(x) = a + bx \tag{4-5}$$

式中：$f(x)$ 为 CO_2 通量（生态系统净生产力、总初级生产力和生态系统呼吸）$[gCO_2/(m^2 \cdot d)]$ 和 H_2O 通量（蒸散发）（mm/d）；x 为光合有效辐射（W/m^2）、空气相对湿度（%）和饱和水汽压差（kPa）。

4.2.6　水分利用效率的计算

在本研究中，使用了传统水分利用效率（WUE，gC/kgH_2O）和潜在水分利用效率$[uWUE$，$gC/(kPa^{0.5} \cdot kgH_2O)]$（Zhou et al.，2015；Wang et al.，2020b；Lowry et al.，2021）来研究华北落叶松人工林生态系统的碳水耦合关系，计算公式如下：

$$WUE = \frac{GPP}{ET} \tag{4-6}$$

$$uWUE = \frac{GPP \times VPD^{0.5}}{ET} \tag{4-7}$$

式中：GPP 为总初级生产力$[gCO_2/(m^2 \cdot d)]$；ET 为蒸散发（mm/d）；VPD 为饱和水汽压差（kPa）。

4.2.7　光能利用效率的计算

光能利用效率$[LUE$，$gC/(W \cdot d)]$为总初级生产力$[GPP$，$gC/(m^2 \cdot d)]$与光合有效辐射$[PAR$，$\mu mol/(m^2 \cdot s)]$之比（Tong et al.，2019a；Vanikiotis et al.，2021）：

$$LUE = \frac{GPP}{PAR} \tag{4-8}$$

4.2.8 统计分析方法

在不同时间尺度上，量化了华北落叶松人工林生态系统的碳、水通量（生态系统净生产力、总初级生产力、生态系统呼吸和蒸散发），采用多元逐步回归模型分析了影响华北落叶松人工林生态系统净生态系统交换量、总初级生产力、生态系统呼吸、蒸散发、水分利用效率、潜在水分利用效率和光能利用效率的主要环境因子。利用线性和指数回归模型分析了净生态系统交换量、总初级生产力、生态系统呼吸和蒸散发与主要环境因子之间的关系。多元逐步回归分析使用 SPSS 26.0 软件（SPSS Inc. an IBM Company，Chicago，IL，USA）完成，所有拟合回归模型和图形绘制均使用 Origin 2021 软件（Origin Lab Inc.，Northampton，MA，USA）完成。

4.3 研究结果

4.3.1 华北落叶松人工林生态系统气象因子的变化情况

华北落叶松人工林生态系统的日均空气温度、日均土壤温度、日均空气相对湿度、日均土壤含水量、日均饱和水汽压差和日均光合有效辐射的变化均表现出明显季节变化趋势（图4-1）。空气温度和土壤温度在7月份达到最高值，分别为16.93℃和11.11℃（图4-1A、图4-1B）。受降水的影响，华北落叶松人工林生态系统的空气相对湿度、土壤含水量和水汽压差波动较大（图4-1C、图4-1E）。

4.3.2 华北落叶松人工林碳、水通量的年变化

华北落叶松人工林生态系统 CO_2 通量（生态系统净交换量、总初级生产力和生态系统呼吸）和 H_2O 通量（蒸散发）的年变化趋势如图4-2所示。CO_2 通量（生态系统净生产力、总初级生产力和生态系统呼吸）和 H_2O 通量（蒸散发）的绝对值均在6~8月达到最大值，生态系统净生产力、总初级生产力和生态系统呼吸最大值分别为 45.20gCO$_2$/(m^2·d)、76.03gCO$_2$/(m^2·d) 和 40.72gCO$_2$/(m^2·d)（图4-2A）。CO_2 通量的年积累量分别为 $NEE = -3314.32$gCO$_2$/(m^2·a)、$RECO = 3666.33$gCO$_2$/(m^2·a)、$GPP = 6980.65$gCO$_2$/(m^2·a)（图4-2B）。生态

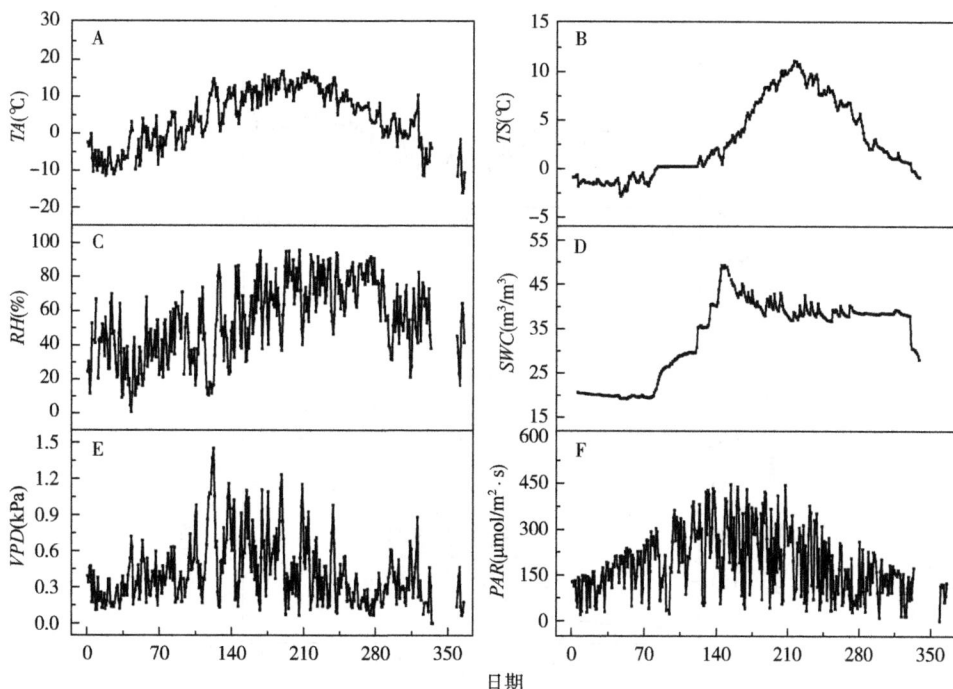

图4-1 华北落叶松人工林生态系统气象因子年变化趋势

A：日均空气温度；B：日均土壤温度；C：日均空气相对湿度；D：日均土壤含水量
（20cm深度）的变化情况；E：日均饱和水汽压差；F：日均光合有效辐射

系统净生产力和生态系统呼吸分别占总初级生产力的47.48%和52.52%。此外，华北落叶松人工林生态系统的蒸散发变化动态与空气温度的变化情况相似，为单峰型曲线，在生长季达到峰值（图4-2C）。水通量的日最大值为5.53mm，水通量的年累积量约为456.85mm。

4.3.3 华北落叶松人工林碳、水通量的月变化和日变化趋势

华北落叶松人工林生态系统CO_2通量（生态系统净生产力、总初级生产力和生态系统呼吸）和H_2O通量（蒸散发）在月尺度和日尺度上的变化趋势如图4-3所示。在月尺度上，华北落叶松人工林生态系统的CO_2通量和H_2O通量均在7月达到最大值（图4-3A至图4-3D），CO_2通量最大值分别为$NEP=-NEE=26.14gCO_2/(m^2 \cdot d)$，$RECO=26.95gCO_2/(m^2 \cdot d)$，$GPP=53.09gCO_2/(m^2 \cdot d)$（图4-3A至4-3C），$H_2O$通量$ET=3.39mm/d$（图4-3D）。

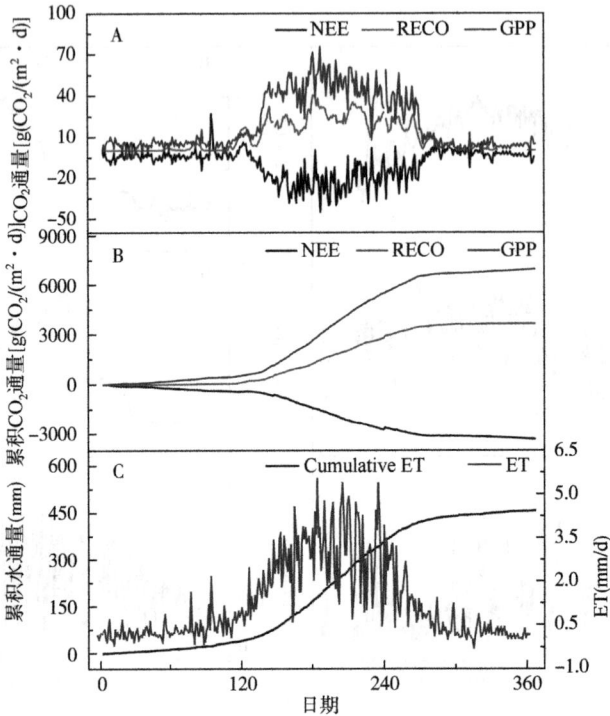

图 4-2 华北落叶松人工林生态系统 CO_2 通量和 H_2O 通量年变化趋势和累积量

A：CO_2 通量（净生态系统交换、生态系统呼吸、总初级生产

年变化趋势；B：CO_2 通量累积量；C：H_2O 通量年变化趋势及累积量

本研究选取 7 月份的碳、水通量数据研究了华北落叶松人工林生态系统 CO_2 和 H_2O 通量在日尺度上的变化情况。在日尺度上，华北落叶松人工林生态系统的 CO_2 通量均在 15：00 左右达到最大值（图 4-3E 至 4-3G），CO_2 通量最大值分别为 $NEP = -NEE = 2.21gCO_2/(m^2 \cdot 30min)$，$RECO = 0.65gCO_2/(m^2 \cdot 30min)$，$GPP = 2.85gCO_2/(m^2 \cdot 30min)$。华北落叶松人工林生态系统的 H_2O 通量呈明显的双峰型曲线，峰值出现在上午 11：00 和下午 15：00 左右（图 4-3H）。

4.3.4 华北落叶松人工林碳、水通量与环境因子的关系

为了研究华北落叶松人工林生态系统 CO_2 通量和 H_2O 通量与主要环境因子（空气温度、土壤温度、光合有效辐射、空气相对湿度、饱和水汽压差）的关系，本研究采用线性回归模型拟合了生态系统净生产力、总初级生产力、生态系统呼吸和蒸散发与主要环境因子的关系（图4-4、图4-5）。研究结果表明，华北落叶松人工林生态系统的生态系统净生产力、总初级生产力和蒸散发对光合有效辐射、饱和水汽压差

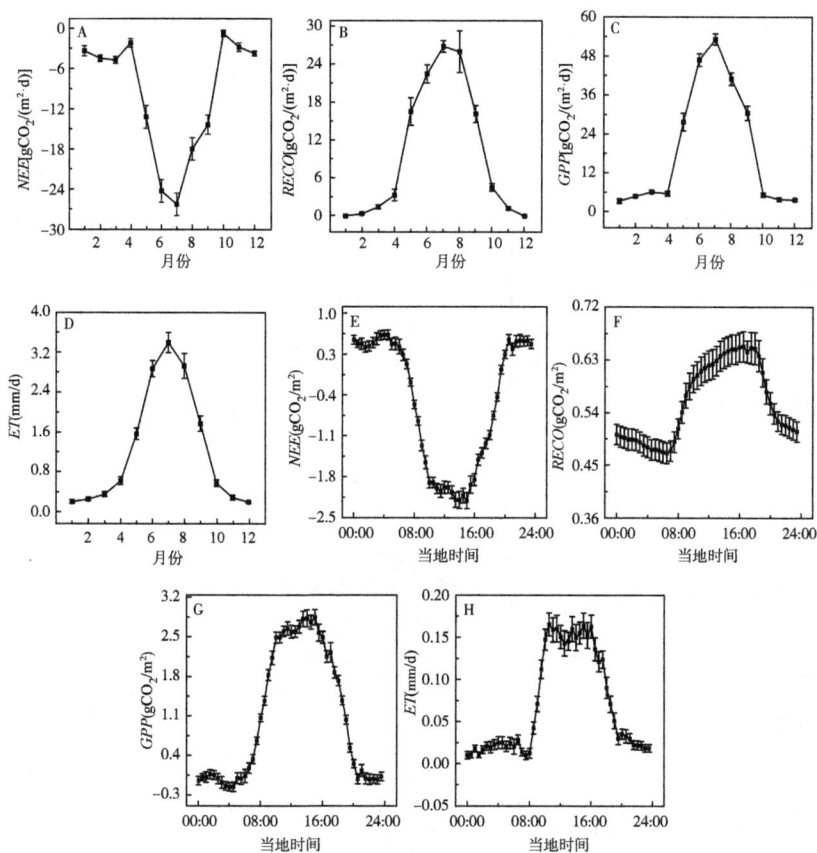

图4-3　华北落叶松人工林生态系统的 CO_2 和 H_2O 通量

注：净生态系统交换量（*NEE*）、生态系统呼吸（*RECO*）、总初级生产力（*GPP*）、
蒸散量（*ET*）的月变化趋势（A-D）和日变化趋势（E-H）

和空气相对湿度的敏感性相似，均呈显著的线性关系（$P<0.05$）（图4-4）。为研究华北落叶松人工林生态系统的 CO_2 通量和 H_2O 通量对温度的响应关系，本研究采用指数函数拟合了生态系统净生产力、总初级生产力、生态系统呼吸和蒸散发与温度（空气温度和土壤温度）之间的关系（图4-5）。研究结果表明，华北落叶松人工林生态系统的生态系统净生产力、总初级生产力和蒸散发均与温度（空气温度和土壤温度）呈显著的指数关系。华北落叶松人工林生态系统的生态系统呼吸对空气温度、土壤温度的温度敏感性指数（Q_{10}）分别为：3.88和5.61（图4-5C、图4-5D）。由此可见，华北落叶松人工林生态系统呼吸对土壤温度的敏感性高于空气温度。

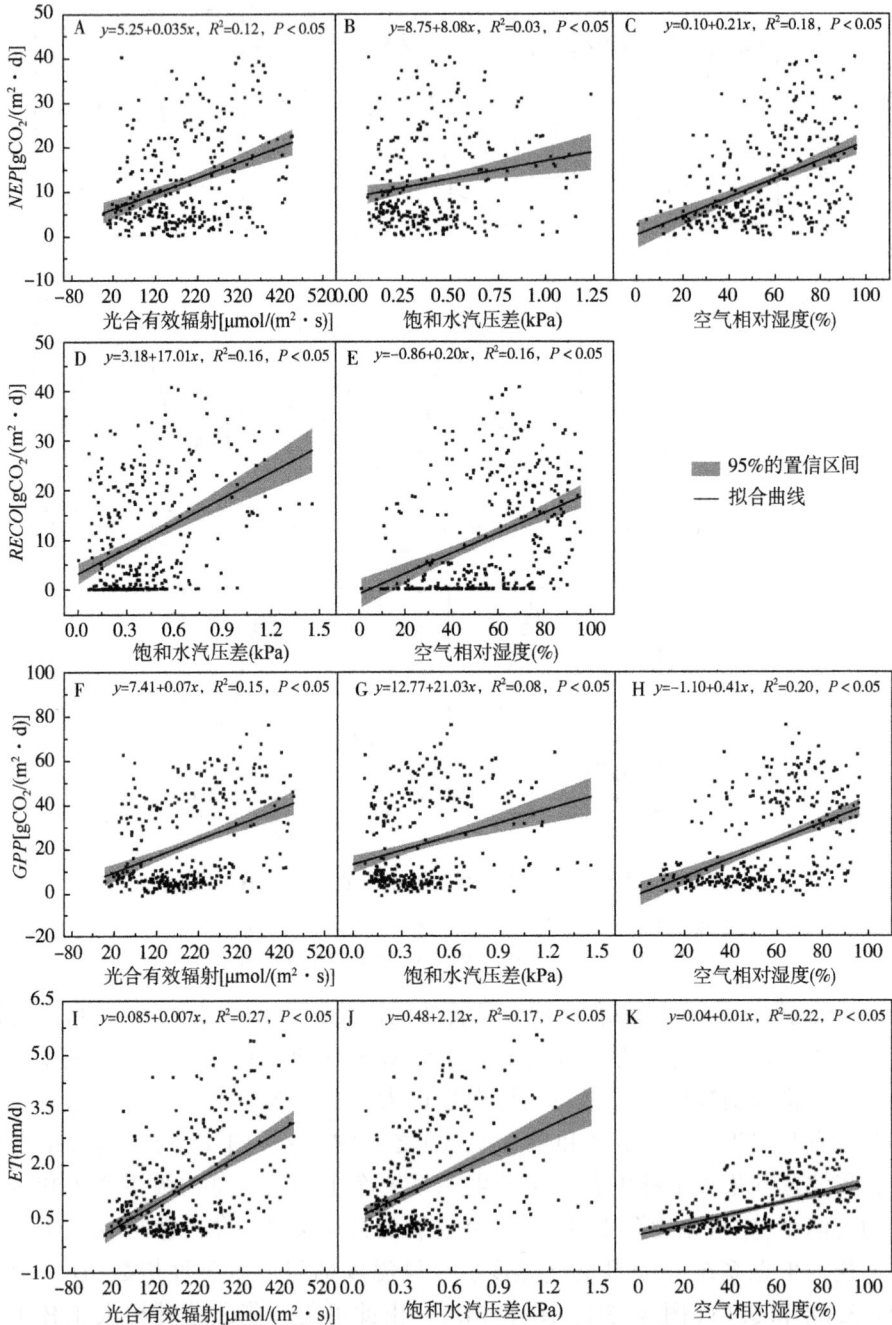

图4-4 华北落叶松人工林生态系统的 CO_2/H_2O 通量（*NEP*、*RECO*、*GPP* 和 *ET*）与环境因子（光合有效辐射、饱和水汽压差和空气相对湿度）的线性回归关系

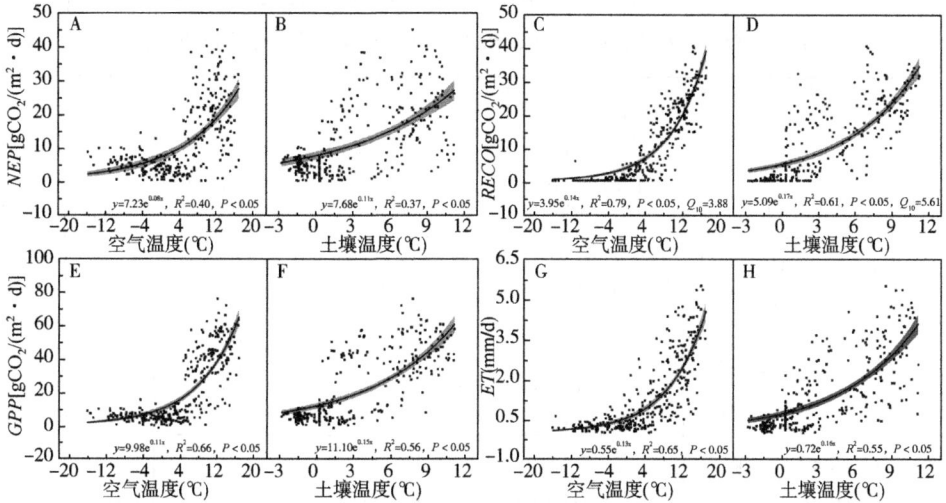

图4-5 华北落叶松人工林生态系统的 CO_2/H_2O 通量（*NEP*、*RECO*、*GPP* 和 *ET*）与温度（空气温度和土壤温度）的回归关系

为了更好地揭示华北落叶松人工林生态系统的 CO_2 通量和 H_2O 通量对环境因子的响应关系，本研究建立了华北落叶松人工林生态系统的 CO_2 和 H_2O 通量与环境因子之间的多元逐步回归模型，研究了 CO_2 和 H_2O 通量与环境因子之间的关系（表4-1）。研究结果表明，土壤水分含量未进入多元逐步回归模型，说明华北落叶松人工林生态系统的碳、水通量不受土壤水分含量的影响。华北落叶松人工林生态系统的净生态系统交换量主要受光合有效辐射和空气相对湿度的影响，总初级生产力受空气温度、光合有效辐射和空气相对湿度的影响，蒸散发受土壤温度、空气温度、光合有效辐射、空气相对湿度和饱和水汽压差的影响，而生态系统土壤呼吸则只受空气温度的影响。

4.3.5 华北落叶松人工林生态系统的水分利用效率和光能利用效率

本研究通过拟合 *GPP* 与 *ET*、$GPP \times VPD^{0.5}$ 与 *ET*、*GPP* 与 *PAR* 的关系，研究了华北落叶松人工林生态系统的水分利用效率、潜在水分利用效率和光能利用效率。*GPP* 和 $GPP \times VPD^{0.5}$ 均随 *ET* 呈线性增加，且 *GPP* 也与 *PAR* 也呈现相同的趋势。华北落叶松人工林生态系统的水分利用效率和潜在水分利用效率分别为 $3.45gC/kgH_2O$ 和 $2.70gC/(kPa^{0.5} \cdot kgH_2O)$（图4-6A、图4-6B）。华北落叶松人工林生态系统的光能利用效率为 $0.10gC/(W \cdot d)$（图4-6C）。

表 4-1 主要环境因子(TS、TA、PAR、RH、VPD 和 SWC)对华北落叶松人工林生态系统 CO_2 和 H_2O 通量(NEE、$RECO$、GPP 和 ET)的多元逐步回归分析

多元线性回归方程	R^2	F 值	P 值	TS	TA	PAR	RH	VPD	SWC
$NEE = 30.567 - 0.078$ $PAR - 0.476\,RH$	0.51	43.88	0.00	—	—	-0.59 * *	-0.57 * *		
$RECO = 3.317 +$ $1.692\,TA$	0.22	43.36	0.00	—	0.47 * *	—	—	—	
$GPP = -38.259 + 2.074$ $TA + 0.081\,PAR + 0.553\,RH$	0.41	40.58	0.00	—	0.49 * *	0.48 * *	0.51 * *		
$ET = -6.456 + 0.006$ $PAR + 0.207\,TS + 0.005\,VPD +$ $0.074\,RH - 0.132\,TA$	0.68	57.41	0.00	0.48 * *	-0.27 * *	0.55 * *	0.38 * *	0.41 * *	—

注：表中 TS、TA、PAR、RH、VPD 和 SWC 列分别代表 CO_2 和 H_2O 通量与每个环境因子之间的偏相关系数。气温(TA)、土壤温度(TS)、光合有效辐射(PAR)、空气相对湿度(RH)、饱和水汽压差(VPD)、土壤含水量(SWC)。

* 表示在 0.05 水平上显著相关，* * 表示在 0.01 水平显著相关，—表示不涉及相应的参数。

表 4-2 主要气象驱动因子(TS、TA、PAR、RH、VPD、SWC)对华北落叶松人工林生态系统生长季节的水分利用效率(WUE)、潜在水分利用效率($uWUE$)和光能利用效率(LUE)的多元逐步回归分析

多元线性回归方程	R^2	F-Value	p-Value	TS	TA	PAR	RH	VPD	SWC
$WUE = 3.954 - 0.024\,PAR$	0.07	8.49	0.00	—	—	-0.23 * *	—		
$uWUE = 1.800 - 0.188\,TS +$ $0.134\,TA$	0.07	6.38	0.00	-0.27 * *	0.21 * *	—	—		
$LUE = -0.094 + 0.003\,RH -$ $0.002\,PAR +$ $0.010\,TA + 0.005\,SWC$	0.47	64.59	0.00	—	0.40 * *	-0.51 * *	0.49 * *	—	0.30 * *

注：TA、RH、VPD、TS、SWC 和 Rn 列分别代表 WUE，$uWUE$，LUE 与主要环境驱动因素之间的偏相关系数。气温(TA)、土壤温度(TS)、光合有效辐射(PAR)、空气相对湿度(RH)、饱和水汽压差(VPD)、土壤含水量(SWC)。

* 表示在 0.05 水平上显著相关，* * 表示在 0.01 水平显著相关，—表示不涉及相应的参数。

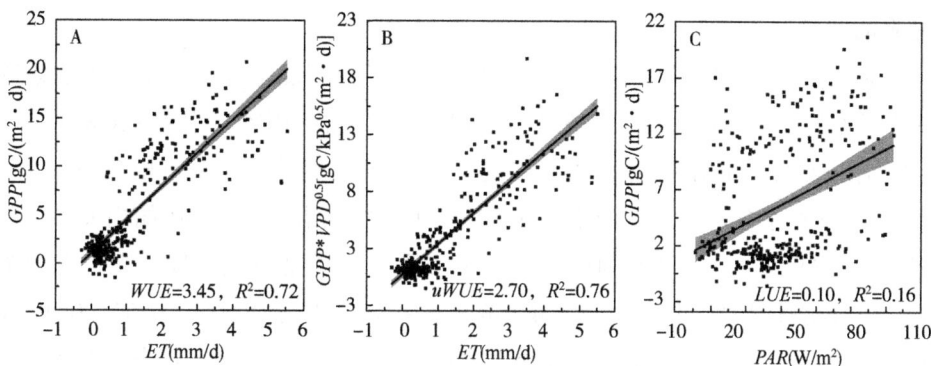

图4-6　华北落叶松人工林生态系统的 GPP、$GPP×VPD^{0.5}$ 和 ET，GPP 和 PAR 的线性回归关系

注：根据公式(4-7)和(4-8)，图中斜率分别代表水分利用效率(WUE)(A)、

潜在水分利用效率($uWUE$)(B)和光能利用效率(LUE)(C)

4.3.6　华北落叶松人工林水分利用效率和光能利用效率的月变化

为更好地了解华北落叶松人工林生态系统在不同月份的水分利用效率、潜在水分利用效率和光能利用效率，研究了水分利用效率、潜在水分利用效率和光能利用效率在不同月份的变化情况(图4-7)。结果表明，在不同月份华北落叶松人工林生态系统的水分利用效率波动较大(图4-7A)，而潜在水分利用效率和光能利用效率呈单峰型变化趋势，潜在水分利用效率在5月达到了最大值 $2.85gC/(kPa^{0.5} \cdot kgH_2O)$(图4-7B)，光能利用效率在7月达到了最大值 $0.40gC/(W \cdot d)$(图4-7C)。

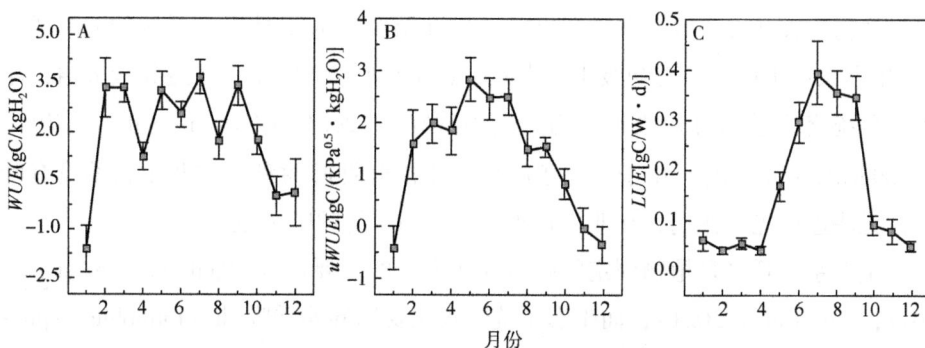

图4-7　华北落叶松人工林生态系统的水分利用效率(WUE)(A)、

潜在水分利用效率($uWUE$)(B)和光能利用效率(LUE)(C)的月变化趋势

4.3.7 华北落叶松人工林生态系统水分利用效率和光能利用效率的环境驱动因子

通过多元逐步回归分析探究了主要环境因子对华北落叶松人工林生态系统在生长季的水分利用效率、潜在水分利用效率和光能利用效率的影响(表4-2)。研究结果表明,水分利用效率主要受光合有效辐射的影响(偏相关系数为-0.23),潜在水分利用效率的主要受土壤温度和空气温度的影响(偏相关系数分别为-0.27和0.21),光能利用效率的主要影响因子是空气温度、光合有效辐射、空气相对湿度和土壤水分含量(偏相关系数分别为0.40、-0.51、0.49和0.30)。由此可见,影响华北落叶松人工林生态系统的水分利用效率、潜在水分利用效率和光能利用效率的主要环境因子不同。

4.4 讨 论

4.4.1 华北落叶松人工林生态系统碳、水通量特征

光合作用是植物吸收光能,把二氧化碳和水合成有机物同时释放氧气的过程,在调节陆地生态系统植被碳水通量方面起着重要作用(Knauer et al., 2015; Wang et al., 2020c)。在本研究中,华北落叶松人工林生态系统的CO_2通量(净生态系统生产力、总初级生产力和生态系统呼吸)和H_2O通量(蒸散发)均在6~8月达到最大值,其净生态系统交换量和总初级生产力年积累量分别约为$NEE = -3314.32gCO_2/(m^2 \cdot a)$和$GPP = 6980.65gCO_2/(m^2 \cdot a)$,碳通量的季节变化趋势与植物生长动态一致。在月尺度上,华北落叶松人工林生态系统的CO_2通量(净生态系统生产力、总初级生产力和生态系统呼吸)均在7月达到最大值,净生态系统交换量和总初级生产力分别为$NEE = -26.14gCO_2/(m^2 \cdot d)$和$GPP = 53.09gCO_2/(m^2 \cdot d)$。由于华北落叶松属于落叶针叶树种,在非生长季没有叶片,无法进行光合作用,在非生长季节以生态系统呼吸为主。

生态系统呼吸是植物固定的碳再返回大气的主要途径(Paul-Limoges et al., 2017; Chi et al., 2021),而生态系统呼吸主要以异养呼吸(heterotrophic respiration, HR)(Chi et al., 2021)为主,并且土壤有机质含量会显著影响生态系统呼吸。在本研究中,华北落叶松人工林的生态系统呼吸值占总初级生产力的52.52%。我们之前的研究也表明,华北落叶松人工林具有大量的凋落物碳输入

量，且凋落物分解速率比其他人工林生态系统也更高（Han et al.，2021），使华北落叶松人工林生态系统由土壤呼吸释放出的 CO_2 也更高，这也是华北落叶松人工林生态系统呼吸较高的重要原因之一（Chi et al.，2021）。此外，较低的土壤水分通常会抑制有机质的分解（Manzoni et al.，2012；Chi et al.，2021），而本研究区的华北落叶松人工林生态系统处于山间的峡谷地带，土壤水分含量较充足（参见第 3 章），这也是华北落叶松人工林生态系统呼吸较高的另一个原因。

蒸散发在森林生态系统水分平衡中起着重要的调控作用，是由土壤蒸发、冠层截留蒸发和植物蒸腾综合作用的结果（Cristiano et al.，2020；Zagirova et al.，2020）。在全球尺度上，约 60% 的地表降水通过蒸散发返回到大气中（Oki and Kanae，2006；Yang and Zhang，2016），其中蒸腾耗水约占蒸散发的 64%（Good et al.，2015；Tong et al.，2019b）。在本研究中，华北落叶松人工林生态系统的年累积蒸散量约为 456.85mm，H_2O 通量（蒸散发）在 7 月达到最大值，最大值平均约为 3.39mm/d。在日尺度上，H_2O 通量峰值出现在上午 11：00 和下午 15：00 左右。然而，涡动相关系统可以直接测量森林生态系统的蒸散发，但不能将 H_2O 通量（蒸散发）拆分为蒸发和蒸腾，且二者受不同生物和非生物过程的控制，对环境因子的响应也不同（Wagle et al.，2020b）。本研究中第 2 章和第 3 章详细介绍了水通量（蒸散发及蒸腾）特征及其驱动机制。

4.4.2　环境因子对华北落叶松人工林生态系统碳、水通量的影响

碳、水通量与环境因子之间存在复杂的线性或非线性关系，包括太阳辐射、温度、土壤湿度、饱和水汽压差等环境因子（Zhang et al.，2018；Beamesderfer et al.，2020）。研究环境因子对生态系统碳、水通量的影响有助于分析其碳汇/源功能以及蒸散发对气候变化的响应（Yu et al.，2008）。本研究结果表明华北落叶松人工林生态系统的 CO_2 通量（生态系统净生产力、总初级生产力和生态系统呼吸）和 H_2O 通量（蒸散发）的季节变化规律相似，但它们对环境因子的敏感性不同。华北落叶松人工林生态系统的碳通量（生态系统净生产力、总初级生产力和生态系统呼吸）和水通量（蒸散发）对环境因子（饱和水汽压差、光合有效辐射和空气相对湿度）具有相似的响应规律。温度和水分是调节生态系统生产力和蒸散发的两个关键因子（Yu et al.，2013；Zhang et al.，2018）。本研究表明，华北落叶松人工林生态系统的生态系统呼吸占总初级生产力的 52.52%，并且华北落叶松人工林生态系统的碳、水通量与温度的关系均呈指数响应模式，较高

的温度会促进生态系统总初级生产力增大，但同时较高的温度也会使得生态系统呼吸升高（Noormets et al.，2015；Beamesderfer et al.，2020），这也是华北落叶松人工林生态系统净生产力的占比低的原因。

4.4.3 华北落叶松人工林生态系统呼吸的温度敏感性

研究生态系统呼吸对环境因子的响应对了解气候变化背景下陆地生态系统的碳源/汇功能及其固碳潜力至关重要（Song et al.，2014；Jia et al.，2020），有研究表明森林生态系统土壤呼吸对整个生态系统呼吸的贡献在 32% ~ 90%（Chi et al.，2021）之间，并表明了森林生态系统呼吸主要是由温度变化驱动的。这意味着白天的生态系统呼吸比夜间更大（Zhang et al.，2018），这也得到了本研究结果的证实。此外，本研究中华北落叶松人工林生态系统呼吸的土壤温度敏感性指数 Q_{10} 高于空气温度敏感性，温度敏感性指数 Q_{10} 分别为 5.61 和 3.88。这意味着，随着温度的升高，土壤呼吸释放的 CO_2 对整个生态系统呼吸的贡献将大于植被。

4.4.4 华北落叶松人工林生态系统的碳、水耦合关系

水分利用效率反映了生态系统碳循环和水循环的耦合关系，生态系统水分利用效率的变化是植物光合作用过程中碳吸收和水分流失权衡的结果（Yu et al.，2008；Xie et al.，2016）。探索水分利用效率及其环境驱动机制，对评价气候变化背景下人工林生态系统的水分承载力和估算人工林生态系统碳收支具有重要意义（Yu et al.，2008）。在本研究中，评估了两种形式的水分利用效率，即：传统水分利用效率（Yu et al.，2008）和潜在水分利用效率（Zhou et al.，2015；Xie et al.，2016）。结果表明，在生长季华北落叶松人工林生态系统的水分利用效率和潜在水分利用效率均高于非生长季。这也符合当地植被的物候及华北落叶松树种特性，在生长季树木能更有效地利用水分，在非生长季节华北落叶松树木叶片掉落，并处于休眠状态，这也是生长季水分利用效率高的主要原因。

为了预测生态系统的总初级生产力，必须要了解生态系统水分利用效率对环境因子的响应关系（Yu et al.，2008）。本研究中，空气温度、土壤温度、光合有效辐射和空气相对湿度是影响华北落叶松人工林生态系统水分利用效率的主要因素，且光合有效辐射对水分利用效率是负相关关系（即光合有效辐射越强水分利用效率越低）。上述研究结果将有助于我们更好地理解西北半干旱区华北

落叶松人工林生态系统碳、水通量的耦合机制，对预测西北半干旱区华北落叶松人工林生态系统对气候变化的响应和适应性具有重要意义。

4.4.5　华北落叶松人工林生态系统的光能利用效率

光能利用效率是植物光合作用过程中的一个内在的动态参数，主要受植物种类、生理、物候和环境因素的影响（Grace et al.，2007；Hilker et al.，2008；Vanikiotis et al.，2021）。本研究中，华北落叶松人工林生态系统在生长季的光能利用效率均高于非生长季，其主要原因与光合组织的数量密切相关（Li et al.，2019；Li et al.，2021）。由于华北落叶松属落叶针叶树种，使生长季的光能利用效率高于非生长季。

4.5　小　结

本研究系统研究了西北半干旱区华北落叶松人工林生态系统碳、水通量在不同时间尺度上的变化特征，探索了影响华北落叶松人工林生态系统碳、水通量变化的主要环境驱动因子。研究结果表明，华北落叶松人工林生态系统在生长季比非生长季节具有更高的水分利用效率、光能利用效率、总初级生产力和生态系统呼吸；华北落叶松人工林的生态系统呼吸占总初级生产力的比例约为52.52%，而生态系统净生产力占总初级生产力的比例约为47.48%，说明华北落叶松人工林生态系统当年固定的碳有一半由于生态系统呼吸的消耗；此外，华北落叶松人工林生态系统呼吸对土壤温度的敏感性高于空气温度，温度敏感性指数 Q_{10} 分别为 5.61 和 3.88，这意味着随着全球变暖，华北落叶松人工林生态系统土壤层将会比植被层释放更多的 CO_2。

参考文献

ALBES J D N，RIBEIRO A ，RODY Y P，et al.，2021. Carbon uptake and water vapor exchange in a pasture site in the Brazilian Cerrado［J］. J. Hydrol，594：125943.

BAI Y，LI X，ZHOU S，et al.，2019. Quantifying plant transpiration and canopy conductance using eddy flux data：an underlying water use efficiency method ［J］. Agric. For. Meteorol，271：375-384.

BALDOCCHI D, STURTEVANT C, CONRIBUTORS F, 2015. Does day and night sampling reduce spurious correlation between canopy photosynthesis and ecosystem respiration? [J]. Agric. For. Meteorol, 207: 117-126.

BEAMESDERFER E R, ARAIN M A, KHOMIK M, et al., 2020. Response of carbon and water fluxes to meteorological and phenological variability in two eastern North American forests of similar age but contrasting species composition-a multiyear comparison[J]. Biogeosciences, 17: 3563-3587.

BEER C, REICHSTEIN M, TOMELLERI E, et al., 2010. Terrestrial gross carbon dioxide uptake: global distribution and covariation with climate[J]. Science, 329: 834-838.

CARVALHAIS N, FORKEL M, KHOMIK M, et al., 2014. Global covariation of carbon turnover times with climate in terrestrial ecosystems [J]. Nature, 514: 213-217.

CHI J, ZHAO P, KLOSTERHALFEN A, et al., 2021. Forest floor fluxes drive differences in the carbon balance of contrasting boreal forest stands [J]. Agric. For. Meteorol, 306: 208454.

COLLALTI A, IBROM A, STOCKMARR A, et al., 2020. Forest production efficiency increases with growth temperature[J]. Nat. Commun, 11: 5322.

CRISTIANO P M, DÍAZ VILLA M V E, DE DIEGO M S, et al., 2020. Carbon assimilation, water consumption and water use efficiency under different land use types in subtropical ecosystems: from native forests to pine plantations [J]. Agric. For. Meteorol, 291: 108094.

CURIEL Y J, JANSSENS I A, CARRARA A, et al., 2004. Annual Q_{10} of soil respiration reflects plant phenological patterns as well as temperature sensitivity [J]. Global Change Biology, 10: 161-169.

GAO X, MEI X, GU F, et al., 2018. Evapotranspiration partitioning and energy budget in a rainfed spring maize field on the Loess Plateau, China[J]. Catena, 166: 249-259.

GARCÍA A G, DI BELLA C M, HOUSPANOSSIAN J, et al., 2017. Patterns and controls of carbon dioxide and water vapor fluxes in a dry forest of central Argentina [J]. Agric. For. Meteorol, 247: 520-532.

GAUTHIER S, BERNIER P, KUNLUVAINEN T, et al. , 2015. Boreal forest health and global change[J]. Science, 349: 819-822.

GOOD S P, NOONE D, BOWEN G, 2015. Hydrologic connectivity constrains partitioning[J]. Science, 349: 175-177.

GRACE J, NICHOL C, DISNEY M, et al. , 2007. Can we measure terrestrial photosynthesis from space directly, using spectral reflectance and fluorescence? [J]. Global Change Biology, 13: 1484-1497.

HAN C, LIU Y, ZHANG C, et al. , 2021. Effects of three coniferous plantation species on plant-soil feedbacks and soil physical and chemical properties in semi-arid mountain ecosystems[J]. Forest Ecosystems, 8: 3.

HE G, WANG K, ZHONG Q, et al. , 2021. Agroforestry reclamations decreased the CO_2 budget of a coastal wetland in the Yangtze estuary[J]. Agric. For. Meteorol, 296: 108212.

HILKER T, COOPS N C, WULDER M A, et al. , 2008. The use of remote sensing in light use efficiency based models of gross primary production: a review of current status and future requirements[J]. Sci. Total Environ, 404: 411-423.

HUANG C W, DOMEC J C, WARD E J, et al. , 2017. The effect of plant water storage on water fluxes within the coupled soil-plant system[J]. New Phytol, 213: 1093-1106.

JASECHKO S, SHARP Z D, GIBSON J J, et al. , 2013. Terrestrial water fluxes dominated by transpiration[J]. Nature 496: 347-350.

JENKINS J P, RICHARDSON A D, BRASWELL B H, et al. , 2007. Refining light-use efficiency calculations for a deciduous forest canopy using simultaneous tower-based carbon flux and radiometric measurements[J]. Agric. For. Meteorol, 143: 64-79.

JIA X, MU Y, ZHA T, et al. , 2020. Seasonal and interannual variations in ecosystem respiration in relation to temperature, moisture, and productivity in a temperate semi-arid shrubland[J]. Sci. Total Environ, 709: 136210.

KEENAN T F, HOLLINGER D Y, BOHRER G, et al. , 2013. Increase in forest water-use efficiency as atmospheric carbon dioxide concentrations rise[J]. Nature, 499: 324-327.

KIM D, BAIK J, UMAIR M, et al. , 2021. Water use efficiency in terrestrial eco-system over East Asia: effects of climate regimes and land cover types[J]. Sci. Total Environ, 773: 145519.

KNAUER J, WERNER C, ZAEHLE S, 2015. Evaluating stomatal models and their atmospheric drought response in a land surface scheme: A multibiome analysis [J]. Journal of Geophysical Research: Biogeosciences, 120: 1894-1911.

LE QUÉRÉ C, ANDREW R M, FRIEDLINGSTEIN P, et al. , 2018. Global carbon budget 2018[J]. Earth System Science Data, 10: 2141-2194.

LI H, WANG C, ZHANG F, et al. , 2021. Atmospheric water vapor and soil moisture jointly determine the spatiotemporal variations of CO_2 fluxes and evapotrans-piration across the Qinghai – Tibetan Plateau grasslands [J]. Sci. Total Environ, 791: 148379.

LI H, ZHU J, ZHANG F, et al. , 2019. Growth stage-dependant variability in water vapor and CO_2 exchanges over a humid alpine shrubland on the northeastern Qinghai-Tibetan Plateau[J]. Agric. For. Meteorol, 268: 55-62.

LINDROTH A, HOLST J, LINDERSON M L, et al. , 2020. Effects of drought and meteorological forcing on carbon and water fluxes in Nordic forests during the dry summer of 2018 [J]. Philosophical Transactions of the Royal Society B – Biological Sciences, 375: 20190516.

LIU J, CHENG F, MUNGER W, et al. , 2020. Precipitation extremes influence pat-terns and partitioning of evapotranspiration and transpiration in a deciduous boreal larch forest[J]. Agric. For. Meteorol, 287: 107936.

LOWRY A L, MCGOWAN H A, GRAY M A, 2021. Multi-year carbon and water exchanges over contrasting ecosystems on a sub – tropical sand island [J]. Agric. For. Meteorol, 304-305: 108404.

MANZONI S, SCHIMEL J P, PORPORATO A, 2012. Responses of soil microbial communities to water stress: results from a meta – analysis [J] . Ecology, 93: 930-938.

NOORMETS A, EPRON D, DOMEC J C, et al. , 2015. Effects of forest management on productivity and carbon sequestration: a review and hypothesis [J]. For. Ecol. Manag, 355: 124-140.

NOSETTO M D, LUNA TOLEDO E, MAGLIANO P N, et al. , 2020. Contrastin gCO$_2$ and water vapour fluxes in dry forest and pasture sites of central Argentina [J]. Ecohydrology, 13: e2244.

OKI T, KANAE S, 2006. Global hydrological cycles and world water resources [J]. Science, 313: 1068-1072.

PAUL-LIMOGES E, WOLF S, EUGSTER W, et al. , 2017. Below-canopy contributions to ecosystem CO$_2$ fluxes in a temperate mixed forest in Switzerland [J]. Agric. For. Meteorol, 247: 582-596.

PIAO S, FRIEDLINGSTEIN P, CIAIS P, et al. , 2007. Growing season extension and its impact on terrestrial carbon cycle in the Northern Hemisphere over the past 2 decades[J]. Global Biogeochem, Cycles 21: GB3018.

POTTS D L, BARRON-GAFFORD G A, SCOTT R L, 2019. Ecosystem hydrologic and metabolic flashiness are shaped by plant community traits and precipitation [J]. Agric. For. Meteorol. 279: 107674.

PUCHE N, SENAPATI N, FLECHARD C R, et al. , 2019. Modeling carbon and water fluxes of managed grasslands: comparing flux variability and net carbon budgets between grazed and mowed systems[J]. Agronomy, 9(4): 183.

SHARMA S, RAJAN N, CUI S, et al. , 2019. Carbon and evapotranspiration dynamics of a non-native perennial grass with biofuel potential in the southern U. S. Great Plains[J]. Agric. For. Meteorol, 269-270: 285-293.

SONG B, NIU S, LUO R, et al. , 2014. Divergent apparent temperature sensitivity of terrestrial ecosystem respiration[J]. Journal of Plant Ecology, 7: 419-428.

TANG X G, LI H P, MA M G, et al. , 2017. How do disturbances and climate effects on carbon and water fluxes differ between multi-aged and even-aged coniferous forests? [J]. Sci. Total Environ, 599: 1583-1597.

TANG X, WANG Z, LIU D, et al. , 2012. Estimating the net ecosystem exchange for the major forests in the northern United States by integrating MODIS and Ameri-Flux data[J]. Agric. For. Meteorol, 156: 75-84.

THURNER M, BEER C, SANTORO M, et al. , 2013. Carbon stock and density of northern boreal and temperate forests[J]. Glob. Ecol. Biogeogr, 23: 297-310.

TONG X J, MU Y M, ZHANG J S, et al. , 2019a. Water stress controls on carbon flux and water use efficiency in a warm-temperate mixed plantation[J]. J. Hydrol, 571, 669-678.

TONG X, MENG P, ZHANG J, et al., 2012. Ecosystem carbon exchange over a warm-temperate mixed plantation in the lithoid hilly area of the North China[J]. Atmos. Environ, 49: 257-267.

TONG X, ZHANG J, MENG P, et al., 2014. Ecosystem water use efficiency in a warm-temperate mixed plantation in the North China[J]. J. Hydrol, 512: 221-228.

TONG Y, WANG P, LI X Y, et al., 2019b. Seasonality of the transpiration fraction and its controls across typical ecosystems within the Heihe River Basin[J]. Journal of Geophysical Research: Atmospheres, 124: 1277-1291.

VAN DIJKE A J H, MALLICK K, SCHLERF M, et al., 2020. Examining the link between vegetation leaf area and land-atmosphere exchange of water, energy, and carbon fluxes using FLUXNET data[J]. Biogeosciences, 17: 4443-4457.

VANIKIOTIS T, STAGAKIS S, KYPARISSIS A, 2021. MODIS PRI performance to track Light Use Efficiency of a Mediterranean coniferous forest: Determinants, restrictions and the role of LUE range[J]. Agric. For. Meteorol, 307: 108518.

WAGLE P, GOWDA P H, BILLESBACH D P, et al., 2020a. Dynamics of CO_2 and H_2O fluxes in Johnson grass in the U. S. Southern Great Plains[J]. Sci. Total Environ, 739: 140077.

WAGLE P, SKAGGS T H, GOWDA P H, et al., 2020b. Flux variance similarity-based partitioning of evapotranspiration over a rainfed alfalfa field using high frequency eddy covariance data[J]. Agric. For. Meteorol, 285-286: 107907.

WANG H, LI X, TAN J, 2020a. Interannual variations of evapotranspiration and water use efficiency over an oasis cropland in arid regions of North-Western China [J]. Water, 12(5): 1239.

WANG H, LI X, XIAO J, et al., 2019. Carbon fluxes across alpine, oasis, and desert ecosystems in northwestern China: The importance of water availability [J]. Sci. Total Environ, 697: 133978.

WANG H, LI X, XIAO J, et al., 2021. Evapotranspiration components and water use efficiency from desert to alpine ecosystems in drylands[J]. Agric. For. Meteorol, 298-299: 108283.

WANG Y Y, ZHU Z K, MA Y M, et al. , 2020c. Carbon and water fluxes in an alpine steppe ecosystem in the Nam Co area of the Tibetan Plateau during two years with contrasting amounts of precipitation[J]. Int. J. Biometeorol, 64: 1183-1196.

WANG Y, MA Y, LI H, et al., 2020b. Carbon and water fluxes and their coupling in an alpine meadow ecosystem on the northeastern Tibetan Plateau[J]. Theor. Appl. Clim, 142: 1-18.

WEBB E K, PEARMAN G L, LEUNING R, 1980. Correction of the flux measurements for density effects due to heat and water vapour transfer[J]. Quarterly Journal of the Royal Meteorological Society, 106: 85-100.

XIE Z, WANG L, JIA B, et al. , 2016. Measuring and modeling the impact of a severe drought on terrestrial ecosystem CO_2 and water fluxes in a subtropical forest [J]. Journal of Geophysical Research: Biogeosciences, 121: 2576-2587.

YANG Q C, ZHANG X S, 2016. Improving SWAT for simulating water and carbon fluxes of forest ecosystems. Sci. Total Environ, 569: 1478-1488.

YU G R, REN W, CHEN Z, et al. , 2016. Construction and progress of Chinese terrestrial ecosystem carbon, nitrogen and water fluxes coordinated observation [J]. Journal of Geographical Sciences, 26: 803-826.

YU G R, ZHU X J, FU Y L, et al. , 2013. Spatial patterns and climate drivers of carbon fluxes in terrestrial ecosystems of China[J]. Global Change Biology, 19: 798-810.

YU G, SONG X, WANG Q, et al. , 2008. Water-use efficiency of forest ecosystems in eastern China and its relations to climatic variables [J]. New Phytol, 177: 927-937.

YUAN G, ZHANG P, SHAO M A, et al. , 2014. Energy and water exchanges over a riparian *Tamarix* spp. stand in the lower Tarim River basin under a hyper-arid climate[J]. Agric. For. Meteorol, 194: 144-154.

ZAGIROVA S V, MIKHAYLOV O A, ELSAKOV V V, 2020. Carbon dioxide, heat, and water vapor fluxes between a spruce forest and the atmosphere in Northeastern European Russia[J]. Biol. Bull, 47: 306-317.

ZHANG T, ZHANG Y J, XU M J, et al. , 2018. Water availability is more important than temperature in driving the carbon fluxes of an alpine meadow on the

Tibetan Plateau[J]. Agric. For. Meteorol, 256: 22-31.

ZHOU S, YU B, HUANG Y, et al., 2014. The effect of vapor pressure deficit on water use efficiency at the subdaily time scale [J]. Geophys. Res. Lett, 41: 5005-5013.

ZHOU S, YU B, HUANG Y, et al., 2015. Daily underlying water use efficiency for AmeriFlux sites [J]. Journal of Geophysical Research: Biogeosciences, 120: 887-902.

ZHOU S, YU B, ZHANG Y, et al., 2018. Water use efficiency and evapotranspiration partitioning for three typical ecosystems in the Heihe River Basin, northwestern China[J]. Agric. For. Meteorol, 253-254: 261-273.

ZHOU Y, LI X, GAO Y, et al., 2020. Carbon fluxes response of an artificial sand-binding vegetation system to rainfall variation during the growing season in the Tengger Desert[J]. J. Environ. Manag, 266: 110556.

第 5 章

结论与展望

5.1　主要结论

森林生态系统是陆地生态系统的重要组成部分之一，不仅具有重要的碳汇功能，而且调节着区域水循环及能量流动过程，在全球碳循环和水循环过程中发挥着重要作用。人工林在中国半干旱区占有很大的面积，然而对西北半干旱区人工林生态系统的碳、水通量及能量交换过程，以及对环境因子的响应关系尚不清楚，还有待深入研究。本研究以西北半干旱区山地生态系统华北落叶松人工林为研究对象，采用涡动相关法研究了 2018—2021 年间华北落叶松人工林生态系统的碳通量、水通量、能量通量以及环境因子的变化情况，同时采用热扩散探针技术监测了华北落叶松人工林的蒸腾耗水量，分析了华北落叶松人工林生态系统水、碳通量及其分量在不同时间尺度上的变化动态及其对环境因子的响应，研究了在不同时间尺度下华北落叶松人工林生态系统的水通量、碳通量和能量通量的变化动态、分配特征及其与环境因子的响应关系，探讨了华北落叶松人工林生态系统的耗水特征、碳水耦合关系以及能量分配与水通量之间的关系。研究结果如下：

（1）在日尺度上，华北落叶松人工林光合有效辐射、空气温度、空气相对湿度、饱和水汽压差和风速与日间液流速率呈显著正相关关系，而夜间液流与气象因子无显著关系；在月尺度上，光合有效辐射、空气温度、风速和饱和水汽压差与林分耗水量呈显著正相关关系，而降水量与耗水量呈显著负相关关系；值得注意的是，在生长季华北落叶松人工林生态系统日蒸腾量随光合有效辐射的增加一直保持持续增加的趋势，直至生长季末期（阴雨天气除外）；6~10 月树干液流速率与光合有效辐射相比有明显的滞后现象，然而在树木萌发和快速生长期（5 月），夜间耗水量与日间耗水量之间无显著正相关关系。受低温环境影响，整个生长季林分耗水量仅约 151.05mm，且未出现明显的"午休"现象。

（2）华北落叶松人工林生态系统年均蒸散发量约为 510mm，占年降水量的 82.8% 以上，其中土壤蒸发与林下植被蒸腾对蒸散发的贡献率显著高于林冠层蒸腾量，净辐射和土壤温度是影响华北落叶松人工林生态系统蒸散发的主要因素；生长季平均蒸腾比（T/ET）为 0.25，且地表导度在日、月尺度上均持续高于冠层导度；生长季蒸发比、能量平衡率与 Priestley-Taylor 模型系数 α 显著高于非生长季，6~9 月 $\alpha>1$，表明华北落叶松人工林生态系统水分供给充足，不存在水分胁迫；在生长季，华北落叶松人工林生态系统的潜热通量占净辐射的比例高于非生长季节，感热通量则呈相反趋势；而在非生长季，净辐射主要以感热通量的形式消耗，土壤热通量占比最小。

（3）华北落叶松人工林生态系统生长季节比非生长季节具有更高的水分利用效率、潜在水分利用效率、光能利用效率、总初级生产力和生态系统呼吸；华北落叶松人工林生态系统呼吸占总初级生产力的比例约为52.52%，而生态系统净生产力占总初级生产力的比例约为47.48%，说明华北落叶松人工林生态系统当年固定的碳有一半用于生态系统呼吸的消耗；华北落叶松人工林生态系统呼吸对土壤温度的敏感性高于空气温度，其生态系统呼吸的温度敏感性指数 Q_{10} 分别为5.61和3.88，这意味着随着全球变暖，华北落叶松人工林生态系统土壤层将会比植被层释放更多的 CO_2。

综上所述，西北半干旱区山地生态系统华北落叶松人工林整个生长季林分耗水量仅约151.05mm，华北落叶松人工林生态系统年均蒸散发量约510mm，在生长季树木蒸腾量和林地蒸散发的比值约为0.25，表明林冠层的蒸腾量较小，大部分的水分消耗来自土壤蒸发与林下植被蒸腾。华北落叶松人工林生态系统呼吸对土壤温度的敏感性高于空气温度，表明在未来全球气候变暖的背景下华北落叶松人工林生态系统土壤层将会比植被层释放更多的 CO_2。该研究结果为西北半干旱区华北落叶松人工林生态系统提供了碳水通量的基础数据，揭示了华北落叶松人工林生态系统的碳水耦合关系、能量分配与水通量之间的关系，将有助于我们更好地理解和预测西北半干旱区华北落叶松人工林生态系统在气候变化背景下的碳水通量及其影响因素，对实现"双碳"目标具有十分重要的意义，也为该地区人工树种的选择提供理论参考。

5.2　研究展望

本研究通过涡动相关法研究了西北半干旱区华北落叶松人工林森林生态系统的碳水通量及其对环境因子的响应，碳水耦合关系、能量分配与水通量之间的关系及其对环境因子的响应。虽然涡动相关法能够提供生态系统碳、水通量，以及能量通量的连续监测，但无法对生态系统呼吸的分量进行量化，如生态系统呼吸包括植被呼吸（vegetation respiration）和土壤呼吸（soil respiration），而土壤呼吸又分为自养呼吸（autotrophic respiration）和异养呼吸（heterotrophic respiration)。仅用涡动相关法无法对生态系统呼吸组分进行细化和全面的研究，在未来的研究中有必要使用土壤呼吸监测系统（LI-8150）对西北半干旱区华北落叶松人工林生态系统进行系统和全面的研究，以揭示华北落叶松人工林生态系统呼吸的组成和占比等，从而来更好地了解西北干旱区华北落叶松人工林生态系统植被呼吸和土壤呼吸强度及其影响因素，也可结合控制实验和对照实验探究西北半干旱区人工林生态系统的土壤呼吸的组成、占比及其影响因素等。

此外，涡动相关系统对华北落叶松人工林生态系统水通量的监测也非常有限，只能监测生态系统的蒸散发量，而生态系统的蒸散发是由植被蒸腾和蒸发两部分组成的，在未来的研究中有必要将树干液流监测和蒸发量监测系统相结合，对其进行细化和全面的研究，以此来评价华北落叶松人工林生态系统植被耗水量和蒸发耗水量。对研究西北半干旱人工林生态系统蒸发和蒸腾的生理/物理控制过程，以及环境响应机制具有重要意义，也将有助于我们更好地了解西北半干旱区人工林生态系统的水循环动态和能量交换及其对气候变化的反馈机制。